国家出版基金项目
NATIONAL PUBLICATION FOUNDATION

重庆市出版专项资金资助项目
重庆市"十三五"重点出版物出版规划项目

山地城市交通创新实践丛书

山地城市可持续综合交通
规划技术与实践

林　涛　杨远祥　龚华凤 ◇ 编著

重庆大学出版社

内容简介

本书针对山地城市交通特征，结合国家关于城市可持续发展战略部署要求，介绍了包括交通可持续发展、生态城交通、低碳绿色交通、交通大数据等在内的前沿技术，并结合重庆主城、重庆区县、泸州等具有代表性的山地城市交通规划实际案例，介绍了新理念、新方法、新技术在规划设计建设阶段的应用，探讨可持续交通发展的经验和建议，为中国山地城市综合交通规划、重大交通基础设计建设提供有益借鉴。

图书在版编目（CIP）数据

山地城市可持续综合交通规划技术与实践 / 林涛，杨远祥，龚华凤编著. —重庆：重庆大学出版社，2019.9
（山地城市交通创新实践丛书）
ISBN 978-7-5689-1009-5

Ⅰ.①山… Ⅱ.①林…②杨…③龚… Ⅲ.①山区城市—城市规划—交通规划—研究 Ⅳ.①TU984.191

中国版本图书馆CIP数据核字（2018）第231655号

山地城市交通创新实践丛书
山地城市可持续综合交通规划技术与实践
Shandi Chengshi Kechixu Zonghe Jiaotong Guihua Jishu yu Shijian

林　涛　杨远祥　龚华凤　编著

策划编辑：雷少波　张慧梓　林青山

责任编辑：林青山　　版式设计：黄俊棚
责任校对：关德强　　责任印制：张　策
*
重庆大学出版社出版发行
出版人：饶帮华
社址：重庆市沙坪坝区大学城西路21号
邮编：401331
电话：（023）88617190　88617185（中小学）
传真：（023）88617186　88617166
网址：http://www.cqup.com.cn
邮箱：fxk@cqup.com.cn（营销中心）
全国新华书店经销
重庆新金雅迪艺术印刷有限公司印刷
*
开本：787mm×1092mm　1/16　印张：13.25　字数：302千
2019年10月第1版　2019年10月第1次印刷
ISBN 978-7-5689-1009-5　定价：118.00元

序 一

FOREWORD

　　多年在旧金山和重庆的工作与生活，使我与山地城市结下了特别的缘分。这些美丽的山地城市，有着自身的迷人特色：依山而建的建筑，起起落落，错落有致；滨山起居的人群，爬坡上坎，聚聚散散；形形色色的交通，各有特点，别具一格。这些元素汇聚在一起，给山地城市带来了与平原城市不同的韵味。

　　但是作为一名工程师，在山地城市的工程建设中我又深感不易。特殊的地形地貌，使山地城市的生态系统特别敏感和脆弱，所有建设必须慎之又慎；另外，有限的土地资源受到许多制约，对土地和地形利用需要进行仔细的研究；还有一个挑战就是经济性，山地城市的工程技术措施同比平原城市更多，投资也会更大。在山地城市的各类工程中，交通基础设施的建设受到自然坡度、河道水文、地质条件等边界控制，其复杂性尤为突出。

　　我和我的团队一直对山地城市交通给予关注并持续实践；特别在以山城重庆为典型代表的中国中西部，我们一直关注如何在山地城市中打造最适合当地条件的交通基础设施。多年的实践经验提示我们，在山地城市交通系统设计中需要重视一些基础工作：一是综合性设计（或者叫总体设计）。多专业的综合协同、更高的格局、更开阔的视角和对未来发展的考虑，才能创作出经得起时间考验的作品。二是创新精神。制约条件越多，就越需要创新。不局限于工程技术，在文化、生态、美学、经济等方面都可以进行创新。三是要多学习，多总结。每个山地城市都有自身的显著特色，相互的交流沟通，不同的思考方式，已有的经验教训，可以使我们更好地建设山地城市。

　　基于这些考虑，我们对过去的工作进行了总结和提炼。其中的一个阶段性成果是 2007 年提出的重庆市《城市道路交通规划及路线设计规范》，这是一个法令性质的地方标准；本次出版的这套"山地城市交通创新实践丛书"，核心是我们对工程实践经验的总结。

丛书包括了总体设计、交通规划、快速路、跨江大桥和立交系统等多个方面，介绍了近二十年来我们设计或咨询的大部分重点工程项目，希望能够给各位建设者提供借鉴和参考。

工程是充满成就和遗憾的艺术。在总结的过程中，我们自身也在再反思和再总结，以做到持续提升。相信通过交流和学习，未来的山地城市将会拥有更多高品质和高质量的精品工程。

美国国家工程院院士
中国工程院外籍院士 邓文中
林同棪国际工程咨询（中国）有限公司董事长
2019 年 10 月

序 二
FOREWORD

山地城市由于地理环境的不同,形成了与平原城市迥然不同的城市形态,许多山地城市以其特殊的自然景观、历史底蕴、民俗文化和建筑风格而呈现出独特的魅力。然而,山地城市由于地形、地质复杂或者江河、沟壑的分割,严重制约了城市的发展,与平原城市相比,山地城市的基础设施建设面临着特殊的挑战。在山地城市基础设施建设中,如何保留城市原有的山地风貌,提升和完善城市功能,处理好人口与土地资源的矛盾,克服新旧基础设施改造与扩建的特殊困难,避免地质灾害,减小山地环境的压力,保护生态、彰显特色、保障安全和永续发展,都是必须高度重视的重要问题。

林同棪国际工程咨询(中国)有限公司扎根于巴蜀大地,其优秀的工程师群体大都生活、工作在著名的山地城市重庆,身临其境,对山地城市的发展有独到的感悟。毫无疑问,他们不仅是山地城市建设理论研究的先行者,也是山地城市规划设计实践的探索者。他们结合自己的工程实践,针对重点关键技术问题,对上述问题与挑战进行了深入的研究和思考,攻克了一系列技术难关,在山地城市可持续综合交通规划、山地城市快速路系统规划、山地城市交通设计、山地城市跨江大桥设计、山地城市立交群设计等方面取得了系统的理论与实践成果,并将成果应用于西南地区乃至全国山地城市建设与发展中,极大地丰富了山地城市规划与建设的理论,有力地推动了我国山地城市规划设计的发展,为世界山地城市建设的研究提供了成功的中国范例。

近年来,随着山地城市的快速发展,催生了山地城市交通规划与建设理论,"山地城市交通创新实践丛书"正是山地城市交通基础设施建设理论、技术和工程应用方面的总结。本丛书较为全面地反映了工程师们在工程设计中的先进理念、创新技术和典型案例;既总结成功的经验,也指出存在的问题和教训,其中大多数问题和教训是工程建成后工程师们的进一步思考,从而引导工程师们在反思中前行;既介绍创新理念与设计思考,也提供工程实例,将设计理论与工程实践紧密结合，既有学术性又有实用性。总之，丛书内容丰富、特色鲜明，表述深入浅出、通俗易懂，可为从事山地城市交通基础设施建设的设计、施工和管理的人员提供借鉴和参考。

中国工程院院士
重庆大学教授　周绪红

2019 年 10 月

前　言
PREFACE

　　二十年斗转星移。重庆，这座美丽的山水城市发生着翻天覆地的变化。从江湾小城到国际化大都市，共和国最年轻的直辖市，正以开阔的视野、开放的姿态、包容的胸怀，向世界诠释什么是"重庆速度"。

　　二十年，林同棪国际工程咨询（中国）有限公司扎根于此，偕行至今，为重情重义的重庆人带来新的城市发展理念，包括对人文的尊重，对生态的保护，对城市的热爱，对优质生活的无限追求。

　　林同棪国际见证了重庆城市日新月异的发展与成熟，有幸承担了城市交通各阶段的规划设计工作，逐步形成了城市规划设计、交通规划、工程设计、城市管理一体化咨询服务体系，并在实践中得到了较好的应用。面对城市交通快速发展和不断涌现的交通问题，林同棪国际开展大量的探索性工作，对推动重庆城市交通的发展发挥了重要作用。

　　本书系统整理了近年来重庆市及多个山地城市在可持续综合交通规划设计方面的理念和技术，并精选了相关交通实例，内容涵盖城市综合交通规划、城市轨道线网规划、各种交通专项规划、大型综合交通枢纽设计、交通大数据应用等多个方面，是近年来山地城市交通规划设计方面的理论探索和工作实践的总结。

　　本书总体框架设计、章节内容安排等工作由林涛完成。具体各章的撰写分工如下，序言：林涛；第 1 章：林涛、杨远祥；第 2 章：林涛、龚华凤；第 3 章：林涛、杨远祥、王有为；第 4 章：杨远祥、王有为；第 5 章：刘桂海；第 6 章：邹胜蛟；第 7 章：翟长旭、盛志前、刘桂海；第 8 章：张萧萧、邹胜蛟；第 9 章：刘文清、李雪；第 10 章：林涛、王有为、杨远祥。林涛负责全书的统稿工作。

　　特别感谢何智亚秘书长在本书审稿过程中给予的意见和建议，

感谢重庆市交通规划研究院翟长旭先生、中国城市规划设计研究院盛志前先生提供案例并参与编写工作,感谢交通规划事业部蔡增毅、缪异尘、田苇、黄博亚等同事辛勤的项目归纳梳理工作。最后也对参考文献的作者表示感谢。

限于作者的水平和能力,疏漏和不足之处敬请广大读者批评、指正。

林涛

2019 年 2 月 10 日

目　录
CONTENTS

第 1 篇

交通，城市不能承受之重

第1章 城市的崛起，交通的危机

1.1 城市的胜利

《世界城镇化展望》（*World Urbanization Prospects*，2014）[1]
数据显示：从全球范围来看，越来越多的人口居住在城市（见图1.1）。
2014年，全球城市人口增加到了39亿，约占总人口的54%，预计
到2050年，城市人口比例将达到66%，总人数预期将超过60亿（见
图1.2）。大部分城镇人口的增长将发生在发展中国家，这些国家
和地区将面临城镇化在住房、基础设施、交通、能源、就业、教育
和医疗需求等方面的巨大挑战，管理好城镇地区已经成为21世纪
世界面临的最重要的发展挑战之一。

在西方较为富裕的国家，城市已经度过了工业化时代喧嚣
嘈杂的末期，现在变得更加富裕、健康和迷人。在较为贫穷的
国家或地区，城市正在急剧地扩张。但是，正如我们许多人通
过自身的经历所看到的一样，伴随着工业化时代的结束，20世
纪后半期带给城市居民的并不是城市的辉煌显赫，而是城市的
污秽肮脏、能源危机、环境恶化、交通拥堵、繁华与衰落。能
否更好地吸取城市带给我们的教训，将决定我们的城市能否在
一个新的城市黄金时代里实现繁荣发展[2]。

各个国家和地区，2014年城市居住人口比例

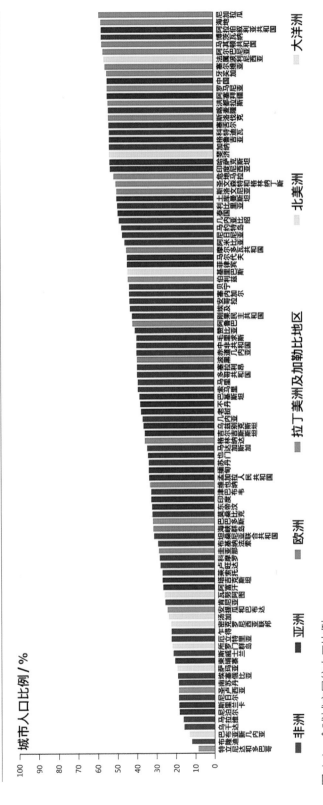

图 1.1 全球城市居住人口比例

3

未来亚洲城市人口接近世界城市人口总数的一半

城市人口分布 /%

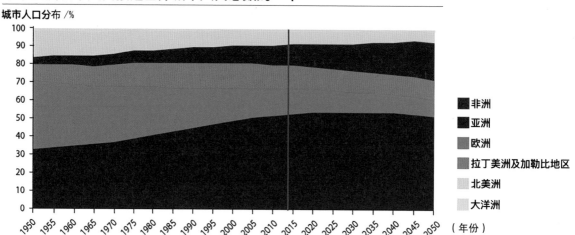

图 1.2　全球城市城镇化率趋势

1.2　交通，共同的挑战

过去 60 多年来，发展私人汽车一直是交通规划的重点，但随着私人汽车在城市肆意扩张，空气和噪声污染、气候变化以及道路交通事故方面造成的问题日益严重，全球的城市交通系统面临巨大的挑战。

理特管理咨询公司（Arthur D. Little）于 2018 年发布了全球城市交通发展排名研究报告 [3]。该报告参考 27 项指标（见表 1.1）对全世界范围内 100 个城市的交通运营状况与完善程度进行了细致的评估，每个城市按 1 到 100 分打分，最高分 100 分代表这个城市在各项指标中都达到最佳。评估的结果是 100 个城市平均分为 42.3 分，意味着大多数城市仍远未达到最佳状态。其中，排名前 3 位的城市为新加坡、斯德哥尔摩、阿姆斯特丹。值得一提的是，中国的香港、上海、深圳、广州、北京、武汉也进入了评估序列，得分分别为 54.2 分、48.5 分、47.5 分、46.9 分、45.4 分、44.2 分。

表 1.1　交通发展排名研究指标（Arthur D. Little，2018）

分类	序号	指标	权重
成熟度 Maturity	1	公共交通投融资吸引力（Financial attractiveness of PT）	4
	2	公共交通出行比例（Share of PT in modal split）	6
	3	零排放共享模式（Share of zero-emission modes）	6
	4	道路密度（Road density）	4
	5	自行车路网密度（Cycle-path network density）	4
	6	城市集约度（Urban agglomeration density）	4
	7	公共交通工具使用频率（Public-transport frequency）	4
	8	城市出行计划（Urban mobility initiatives）	2
	9	城市物流计划（Urban logistics initiatives）	2
创新 Innovation	10	智能卡使用率（Mobility smart cards penetration）	4
	11	移动平台（Mobility platforms）	2
	12	共享单车表现（Bike-sharing performance）	4
	13	B2C 汽车共享度［Car-sharing performance（B2C）］	4
	14	P2P 汽车共享平台（P2P car-sharing platforms）	2
	15	电子打车服务及的士平台（E-hail services and taxi platforms）	2
	16	共享乘车平台（Ride-sharing platforms）	2
	17	无人驾驶车辆计划（Self-driving vehicles initiatives）	2
	18	其他智能交通计划（Other smart mobility initiatives）	2
表现 Performance	19	交通运输 CO_2 排放（Transport-related CO_2 emissions）	4
	20	NO_2 浓度（NO_2 concentration）	4
	21	PM10 浓度（PM10 concentration）	4
	22	PM2.5 浓度（PM2.5 concentration）	4
	23	交通事故死亡数（Traffic-related fatalities）	4
	24	公交出行比例增长（Increase share of PT in modal split）	6
	25	零排放模式比例增长（Increase share zero-emission modes）	6
	26	平均通勤时长（Mean travel time to work）	4
	27	机动化水平（Motorization level）	4

报告同时指出，随着全球城市化进程加速，交通出行需求将呈现大幅度上涨趋势，预计到 2030 年，全球出行总量将达到 35.1 万亿人次千米，2050 年将达到 48.8 万亿人次千米，较 2010 年增长 2 倍；同时，预计到 2030 年，全球货物流通需求总量将达到 17.4 万亿吨千米，2050 年将达到 28.5 万亿吨千米，较 2010 年增长 3 倍。这将对既有交通系统产生持续的压力，导致全球人口承受更为严峻的空气污染、碳排放、噪声、交通拥堵与安全问题（见图 1.3）。

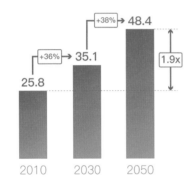
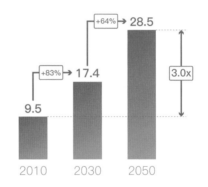

图 1.3　交通成为城市发展的首要问题

1.3　中国，奇迹背后的痛

1.3.1　拥堵加剧

在中国，城市交通问题同样严峻。高德地图联合中国社会科学院社会学研究所等发布的《2018 年度中国主要城市交通分析报告》[4] 显示，虽然同比 2017 年全国有近 90% 的城市缓行或拥堵状态有所下降，但高峰时段仍有 74% 的城市处于缓行或拥堵状态。

在高德地图交通大数据监测的 50 个主要城市中，高峰行程延时指数 TOP10 的城市依次为北京、广州、哈尔滨、重庆、呼和浩特、贵阳、济南、上海、长春、合肥。

1.3.2　经济损失

根据中国交通部发表的数据显示，交通拥堵带来的经济损失占城市人口可支配收入的 20%，相当于每年国内生产总值（GDP）损失 5%~8%，每年达 2 500 亿元人民币。中国科学院可持续发展战略研究成果表明，包括北京、上海等大城市在内的全国 15 个大城市中发生的交通拥堵，每天的相关处理费用达到 10 亿元人民币[5]。

滴滴出行和第一财经商业数据中心联合发布了《中国智能出行 2015 大数据报告》[6]，报告显示，北京每年因交通拥堵导致的人均成本超过 7 972 元，居全国第一（见图 1.4）。

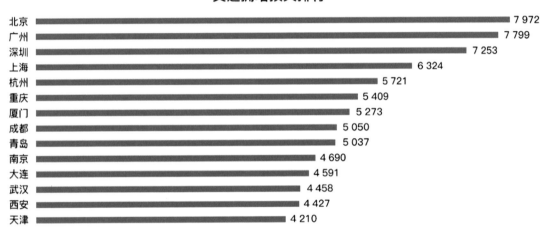

交通拥堵损失排行

拥堵损失：各城市平均时薪 × 因拥堵造成的延时 × 人均全年通勤次数（按每月22个工作日，每个工作日早晚高峰通勤1次，每次通勤平均时间为1 h计算）

图 1.4　交通拥堵损失排行

1.3.3　环境恶化

中国城市人均碳排放量已居于世界前列（见图 1.5），其中，快速机动化进程是导致严重的空气污染的重要诱因。根据世界银行 2012 年的调查显示，天津、上海、北京的温室气体排放量（人均 CO_2 当量）远远超过了巴黎、东京、巴塞罗那、雅加达等城市[7]。

环境保护部日前发布《2016 年中国机动车环境管理年报》（以下简称"年报"），公布了 2015 年全国机动车环境管理情况[8]。年报显示，我国已连续 7 年成为世界机

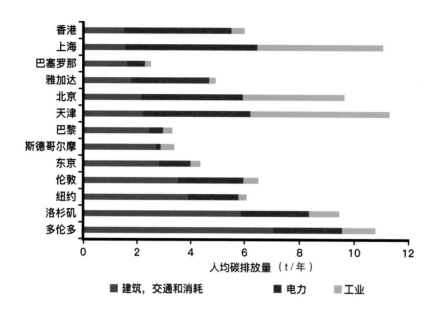

图 1.5　各城市人均碳排放量（World Bank，2012）

动车产销第一大国，机动车污染已成为我国空气污染的重要来源，是造成灰霾、光化学烟雾污染的重要原因，机动车污染防治的紧迫性日益凸显。以北京市为例，2013 年机动车排放对细颗粒物（PM2.5）、挥发性有机物和氮氧化物（NO_x）的贡献分别约占31.1%、33% 和 50%，是本地排放的首要污染源。

　　监测显示，随着机动车保有量快速增加，我国部分城市空气开始呈现出煤烟和机动车尾气复合污染的特点，直接影响群众健康。北京、天津、上海等 9 个城市大气细颗粒物（PM2.5）源解析工作结果显示，本地排放源中移动源对细颗粒物浓度的贡献范围为 15%~52.1%。2015 年，全国机动车排放污染物初步核算为 4 532.2 万吨，其中氮氧化物（NO_x）584.9 万吨，碳氢化合物（HC）430.2 万吨，一氧化碳（CO）3461.1万吨，颗粒物（PM）56.0 万吨。汽车是机动车污染物排放总量的主要贡献者，其排放的 NO_x 和 PM 超过 90%，HC 和 CO 超过 80%。

第2章 战役，交通的可持续发展

2.1 更加明智的发展模式

2.1.1 城市可持续发展

可持续发展概念本身不是最新提出的，人类历史进程中的许多文明已经认识到环境、社会和经济之间的和谐共生关系的重要性。相对较新的理解是：在一个全球化的工业和信息社会背景下，对社会、经济、人口、资源、环境的权衡、合作、协调。

在世界环境与发展委员会发布的《我们共同的未来》报告（又称《布伦特兰报告》）中，对可持续发展有如下定义："人类有能力让发展可持续，是既满足当代人的需求，又不对后代人满足其需求的能力构成危害的发展。"

面对复杂的城市系统，应将城市发展的几个主要领域作为子系统进行考虑。重点关注的几个主要领域包括城市格局、交通、能源、物质流和社会经济，这些子系统必须可持续发展，并且要整合到城市系统中。

2.1.2 交通可持续发展

交通可持续发展是指能够以经济有效、社会公平、环境友好、资源节约的方式，不断满足当代人日益增长的交通需求，又不损害自然、环境及后人需求的交通发展模式。进一步而言，交通可持续发展，即是借助交通战略、规划、政策、法规等，充分协调土地利用与交通系统、不同交通方式、交通规划建设与交通管理、交通发展与环境保护、交通发展与资源投资之间的关系，达到既满足现在的交通需求，又不损害满足未来交通需求的能力，支撑实现经济、社会、环境的可持续发展以及交通系统自身的可持续发展目的。

要理解交通可持续发展的概念，需要关注两个核心概念，即出行能力与可达性。

（1）出行能力

出行能力定义为"团体或个人迁移或者改变工作，或从一个地方移动到另一个地方的能力"。在最近十几年，出行能力凸显其重要性。随着城市居民出行距离和速度的增加，与过去相比，人们普遍需要走更远的距离来上学、上班、购物、访友、回家等。高出行能力定义为"花费最短的时间、走最短的距离可到达尽可能多地方的能力"。

（2）可达性

可达性定义为"能够到达（可达范围）或可被使用"。城市规划将"可达性"定义为到达目的地所需要的时间。这个时间主要取决于从起点到终点的物理距离及出行速度。因此，理论上可以通过增加速度来实现可达性的最大化。由于交通体系的固有问题（如堵车）、使用私家车的不稳定性和普遍对可持续发展的要求（包括减少污染和能源消耗），较大程度上限制了出行速度，因此实现良好可达性的首选办法是缩短出行所需的距离。

交通可持续发展聚焦于城市空间、土地开发、交通系统、环境保护之间的协调统一，通过优化空间布局、土地混合使用、多模式交通出行方式，达到可持续发展的目的，采取的措施通常包括：最大限度地减少活动的时空距离来降低交通需求，降低私家车出行速度和数量，通过停车管理减少机动车交通，优先把步行和自行车道作为邻里单元内部的主要交通网络，优先把公共交通作为可持续个人交通系统的最重要元素，提供交通管理措施来支持向环境协调模式的转变，促进形成邻里物流配送理念来减少通过汽车运送货物的需求，等等。

2.2　全球行动

2.2.1　欧　洲

1）欧盟共同交通计划（CTP）

欧盟共同交通计划（CTP）于1992年开始启动，2001年结束。依照CTP计划，"欧洲交通系统应该发挥全部潜力以提高欧洲在经济、就业和环境可持续性上的竞争力"，应该向社会提供"安全、环保、人性化以及高品质的交通系统和服务"[9]。CTP计划在未来30年将可持续发展的重心逐步放至不同交通方式之间的平衡上，以促进交通可持续发展，并实现上述目标。特别是要将一系列政策措施可操作化，如逐步打破经济增长和交通增长之间的联系，对交通费用进行公平定价以提高效率，发展替代道路交通的其他交通方式，让出行者有更多的选择，并加大在跨欧洲交通网络上的投资，以希望从 2010 年开始将交通对环境的负面影响降低至 1998 年的水平。

2）欧盟框架计划（FMP）

欧盟自 1984 年开始实施"研究、技术开发及示范框架计划"（简称"欧盟框架计划"），是欧盟成员国和联系国共同参与的中期重大科技计划。欧盟框架计划是当今世界上最大的官方科技计划之一，以研究国际科技前沿主题和竞争性科技难点为重点，是欧盟投资最多、内容最丰富的全球性科研与技术开发计划。

历次的欧盟框架计划研究中，交通可持续发展都是研究、技术开发及示范项目重点（见表2.1），框架计划关于交通可持续发展的开拓与研究主要集中在以下 3 个方面：

①认识问题，同时为减轻交通对社会和环境的影响，开发技术性的、可操作的政策解决方案。

②通过具体参与者（例如研究院、决策者、运营商和市民），传播现有知识；同时，参与者的研究结果直接用于 CTP 计划，并间接用于支持欧盟成员国的决策制定。

③发展创新型交通技术，并将其整合到未来交通系统中。

表 2.1　欧盟框架计划交通议题成果

框架计划	指　标
第 4 次框架计划	开发了评估交通系统对社会和环境影响的工具，并建立了数据库 评价了新计划对减轻交通、对环境和社会影响的贡献 研究了外部成本内部化后交通系统的定价和融资
第 5 次框架计划	通过参与者对现有认识进行巩固和传播 监测交通系统使用者和市民对具体战略性政策和技术解决方案的接受情况 对新技术进行了少量的研究 进一步完善交通对环境影响的评估手段
第 6 次框架计划	开发了更容易实施的新技术和新战略 减少了交通拥堵，使用适当的技术（政策）提高各种地面交通方式的安全性
第 7 次框架计划	发展更安全、环保、智能化的泛欧运输系统 增强环境友好、智能型运输网络，建立都市交通管理，强调安全性 维持运输方式的动力、能源、材料、经济成本

3）清洁城市交通计划（CIVITAS）

清洁城市交通计划（CIVITAS）[10] 开始于 2002 年，超过 31 个国家的 200 多个城市定期分享知识、解决方案和研究结果。计划旨在转变市民、规划人员、政治家和各行业的行为态度，实现更环保的交通模式以及确保各种交通方式的可持续。

CIVITAS 行动计划内容提供了规划框架，以确保政界参与和战略伙伴关系的建立，规划框架包括：

①清洁燃料和清洁能源汽车，减少本地空气污染、颗粒污染物、温室气体排放和噪声。

②公共客运交通必须能够提供快速、舒适、安全、方便的服务，用以替代私家车。

③需求管理战略，如车辆通行限制、道路收费定价、停车政策、营销活动以及公司出行规划，为减少交通流量和污染作出贡献。

④出行管理，通过市场宣传、通讯媒体、教育和信息活动，帮助树立一种全新的交通文化。

⑤出行安全，必须确保城市中旅行者，特别是骑自行车者、步行者和其他交通弱势群体的安全。

⑥不依赖汽车的生活方式，可通过现代信息技术、安全的基础设施、自行车租赁、拼车等行为计划加以培养。

⑦城市货运物流的管理应以尽可能减少对人们生活的影响为目标，鼓励使用清洁能源的货运车辆以及创新的货物配送方式。

⑧交通信息通信系统能提供充分信息，帮助乘客做出正确选择，并使城市交通更快和更高效。

2.2.2 北美洲

北美洲的主要代表国家就是美国。根据美国社会经济发展特征，将第一次世界大战后至今的美国城市交通发展历程大致分为 4 个阶段，每个阶段的城市交通发展特征以当时各类交通政策与法案体现[11-12]。

（1）第一次世界大战后至 20 世纪 50 年代后期

这是城市交通规划起步时期，其标志为 1944 年和 1956 年颁布的《联邦公路资助法案》。这一阶段美国交通发展主要通过大规模公路基础设施投资以促进就业，城市交通处于起步阶段，著名的"芝加哥交通研究"就产生于这一时期。

（2）20 世纪 60 年代

这一时期城市郊区化进程产生了大量的住房和机动车交通需求，共计 273 个城市在这一阶段完成了首轮中长期城市交通规划。1962 年，美国国会报告指出必须平衡私人机动车和公共交通的使用，才能建立宜居、高效的城市交通系统。

（3）20 世纪 70 —80 年代

这一时期受经济和石油危机影响，美国城市交通规划编研从长期规划研究转移到以提高既有设施使用效率为重点的近期交通改善研究。为提高道路交通设施利用效率，减少资源消耗、改善出行方式结构，公共交通方式在这一阶段开始受到重视。1970 年《城市公共交通援助法案》是联邦资助城市公共交通发展的里程碑，该法案提出联邦将在后续 12 年间投资 100 亿美元进行城市公共交通研究、规划和建设。

（4）20 世纪 90 年代至今

这一时期美国社会经济高度发达，城市交通需求持续增加并对城市发展构成了压力。以 1990 年通过的《多模式地面运输效率法案》（1990 Intermodal Surface

Transportation Efficient Act）为里程碑，美国交通运输发展转入了以可持续发展为目标的综合运输发展阶段。美国 1990 年的《多模式地面运输效率法案》，以及 1998 年在此基础上制定的《美国 21 世纪运输公平性法案》（Transportation Equity Act for the 21st Century）彻底改变了过去以联邦投资州际高速公路为核心的发展思路，有关部门深深地认识到，只有充分发挥公路、铁路、水运、航空等多种运输方式的各自优势，并紧密衔接相互配合，大力发展公共交通系统，应用高科技提高现有交通运输系统效率，才能解决不断增长的交通运输需求与环境、能源、资源之间的矛盾，使交通运输业走上可持续发展之路。

与此同时，美国制定了交通环保政策上里程碑式的法律文件，即美国《清洁空气法案》的 1990 年修正案，制订了对汽车等移动交通工具污染源的严格控制措施，要求各州制订降低空气污染的规划，设定空气质量改善标准和期限，实行大型排污的许可制度，允许美国环保总署对污染行为罚款，给州、地方政府以及企业设定标准和达到标准的期限，鼓励公众参与环境保护，制订保护空气的奖励措施，要求获得联邦资助的交通项目必须符合空气清洁标准等。相应地，美国政府采取了汽车及汽油消费税收、城市和交通高峰期支付拥挤费、高停车费等经济政策，强制共乘（拼车）和城区通行许可证等行政干预手段来抑制公路使用需求，并出台了节能汽车使用公路共乘车道的立法方案。

进入 21 世纪后，美国运输部出台了《2003—2008 年战略计划》，提出了要实现安全性、机动性、全球连通、环境保护、国家安全、组织优化六大战略目标，其中环境保护战略目标为：一是要减少交通运输和交通设施带来的污染以及对环境的其他负面影响；二是要简化对交通运输设施项目的项目评估。

同时，《2003—2008 年战略计划》还指出：美国的各种交通方式，包括空运、海运、公路、公交和铁路都建立起了高效的网络系统，现在的任务就把这些相互对立的运输方式交织成一个安全、节约、高效、公平和环保的综合运输系统。该计划体现了美国十分注重综合运输体系的整合和优化，从而在满足交通需求的同时提高资源使用效率和改善环境。

2.2.3　亚　洲

1）新加坡

新加坡的交通系统发展不可避免地受到狭小国土面积的制约，地理条件决定了不可能通过扩充道路面积来适应不断增长的交通需求。只有充分发掘现有交通资源的潜力，有效控制交通需求，才有可能用有限的资源保证道路交通战略基本目标的实现。

基于这一思考，新加坡的交通可持续发展主要建立在以下 3 个策略之上：

（1）公共交通优选

公共交通优选（Land Transport Authority）计划将早高峰搭乘公共交通的比率从现

今的 60% 提高到 70%，让 85% 的公共交通使用者可以在 60 min 内到达目的地。计划到 2020 年，新加坡将开通 278 km 的轨道交通，线网密度达到 51 km/ 百万人。同时，在地面公交方面扩展巴士优先计划，比如开设全天候和高峰时期的公交专用道、十字路口巴士优先通行、在巴士站强制给巴士让道等措施。

（2）交通需求管理

新加坡通过控制车辆增长和限制道路使用相结合的方式来对交通需求进行有效的控制。从 2009 年起，新加坡通过车辆配额系统（VQS）将小汽车增长率控制在 1.5% 以内，公路电子收费系统（ERP）使高峰期间进入中心商业区的车辆降低了 44%。同时，新加坡道路交通网络的效率通过使用先进的智能交通系统（ITS）得到进一步的提高，全岛 2 000 多个交通路口全部实现绿波协调管理和调控，并在市区实现了停车诱导系统。

（3）满足不同的需求

通过打造"无障碍"空间、建设有盖走廊、慢行系统来为各种交通参与者提供服务。新加坡的交通设施非常的人性化，其原因是邀请社区居民积极参与，对交通规划设计提出各种建议。

2）中国香港

中国香港地区拥有 2 100 km 的道路、65 万多辆机动车，车均占有道路密度大约为每千米 300 辆车，是全球密度最高、形态最为紧凑的国际大都市之一。高密度的人流和车流并没有使香港出现严重的交通拥堵现象，甚至在中心城区的一些道路上，车速非常之快，保证了城市的高效运行，这与其采取的综合措施有着紧密关系。

（1）构筑发达、完备的公共交通体系

香港的公共交通包括铁路、电车、巴士、小巴、的士和渡轮。据香港运输署统计：2010 年年底，香港平均每天公共交通乘客人数为 1 160 万人次，公共交通成为 90% 市民的出行选择方式。其中，铁路系统是香港公共运输系统的骨干和使用率最高的公交系统，路线全长约 240 km，每日载客量约占公共运输总载客量的 36%。其他陆路交通工具主要包括专营巴士、公共小型巴士、的士和非专营的居民巴士等，总共有 300 多条线路，占公共交通总客运量的 60%。专营巴士是全港载客量最多的陆路交通工具，每日载客量约占公共交通总载客量的 32%。

（2）实行 TOD 城市开发模式及规划策略

香港从一开始，就树立了城市 TOD 开发模式，除了老城区发展外，在城市新区开发中，新城市沿轨道交通轴线线性发展，实行轨道站点的高密度、大规模开发，形成了许多交通便利、商业繁荣、集中紧凑的城市次中心，如尖沙咀、湾仔、沙田等，既是城市公用交通的重要枢纽，又是城市建设高度密集、商业繁荣、人流密集的重要次中心。更为重要的是，香港严格管理小区的建设，在小区建设之前就必须申请到公共交通的配套线路，保证小区建成后住户出行方便。正是这种交通导向的城市开发模式，支撑了香港从一个弹丸之地变成一座通达、高效、繁荣的现代国际大都市。

（3）人本化的交通设施规划

香港拥有天桥、地道、空中走廊等完善、发达的人行系统规划。目前已建成了 12 条行车隧道（包括 3 条海底隧道）、1 000 多条行车天桥和桥梁、6 000 多条行人天桥和 400 条行人隧道。香港地铁现有 7 条线路，每两线之间换乘很方便，很多只需下车走到对面或经自动扶梯上下一层即可，最快的换乘可以在同一月台 15 秒内完成，也大大方便了市民出行。

（4）实行限制私家车和公务用车政策

自 20 世纪 80 年代开始，香港运输署实行了提高私家车使用成本的政策，因为私家车出行高昂的成本较之舒适、便利、快捷的公共交通，使得香港居民大多选择公交出行，近 10 年来香港私家车年均只增加 1 万辆的事实，充分说明了这一政策的有效性。同时，香港政府严格控制公务车数量，也是减轻城市交通压力的一个重要原因。香港规定公务员外出公干，必须选择最便宜的交通工具，即指地铁、巴士、出租车等，并指明"只有在无公共交通可达目的地或有必要的情况下，才能使用政府车辆"。

（5）构建信息化、智能化的交通管理体系

香港的智能化交通管理是一个完整的体系，香港约有 1 821 个交通灯号控制路口，其中 1 730 个由区域交通控制系统控制及操作，并装设有 447 个闭路电视摄影机监测这些路口的交通情况，交通控制覆盖率达到 95%，控制系统每年都有更新。香港计划在 2019 年建设"综合交通管理中心"，将所有与交通相关的管理部门、运作部门和协调中心等都放在一起，发挥综合协调、管理、服务、处置等一体化的功能。

3）中国内地

我国将可持续发展作为重大战略加以实施。1992 年，联合国环境与发展大会通过了《21 世纪议程》，中国政府作出了履行《21 世纪议程》等文件的庄严承诺。1994 年 3 月 25 日，《中国 21 世纪议程》经国务院第十六次常务会议审议通过，作为重大举措，我国政府制定了《全国主要污染物排放总量控制计划》《〈中国跨世纪绿色工程规划〉实施计划》。其中与基础设施建设紧密关联的可持续发展目标是：改善人类居住区的社会、经济和环境；改善居民的居住工作环境和生活质量。对交通领域来说，在可持续发展的思想指导下的建设目标是建立促进人类居住区持续发展的基础条件，其手段主要有：将土地利用与交通运输规划相结合、确立减少交通需求的发展模式、发展公共交通、改善交通管理、鼓励非机动运输方式等。

（1）上海

2013 年，上海市颁布了新版《上海市交通发展白皮书》[13]，白皮书重心由关注设施规划建设转向更加强调政策导向和管理导向，更加突出了交通与城市、交通与环境、交通安全与文明、交通精细化管理的相关内容。具体包括 5 个方面主要指标：

①安全。交通运行安全、可靠，道路交通事故万车年死亡率比 2012 年下降 25%。

②畅达。交通出行更加方便快捷，实现公共交通"45—60—90"目标。即中心城

内平均出行时间在 45 min 以内，新城平均 60 min 可达中心城；长三角主要城市与上海中心城之间平均出行时间在 90 min 以内。

③高效。交通系统有机整合、高效运行，力争全市公共交通客运量达到 3 000 万乘次，较 2012 年增长 75%。中心城公共交通出行比例达到 60%，新城公共交通出行比例力争达到 30%。拥挤路段的公交优先道高峰时段运行车速高于相邻车道社会车辆的运行车速。

④绿色。全市公共交通、步行、自行车等出行比例不低于 80%，新能源与清洁能源公交车比例不低于 50%，城市客货运碳排放强度明显下降，交通污染排放得到有效控制。

⑤文明。交通决策更加公开透明，交通参与者安全意识、法治意识、环保意识显著增强，全社会交通文明程度明显提升。

（2）青岛

青岛作为国家第二批低碳试点城市，力图在 2020 年达到碳排放强度比 2005 年减少 50%，并实现碳排放峰值的目标。作为低碳试点城市，青岛在低碳交通发展方面比全国同类城市起步要早，具有相对优越的发展基础。青岛在低碳和可持续交通方面已经有的进展包括[14]：

①提高车船燃料的经济性

青岛市正从公共交通开始示范推行碳排放相对较低的天然气汽车与电动汽车。同时还将在已有的纯电动公交车示范运行基础上，进一步扩大示范规模，提高纯电动公交车在公交、出租、公务、环卫、邮政、旅游景点、机场等车辆中的比例。青岛在原有和规划的高速公路服务区、国省道沿线建设了 LNG 加气站，完善了天然气能源供给保障体系，大力推广应用以 LNG 为代表的清洁能源车辆，引导主城核心区新增公交和出租车辆使用 CNG 汽车，实现营运车辆能耗结构优化，显著降低碳排放水平。

②倡导绿色出行

青岛目前积极倡导绿色出行，营造交通节能减排舆论氛围，确定每年 6 月 12 日为"绿色出行日"，倡导机关干部职工停开私家车，改乘公交车、骑自行车或者步行上下班。

③发展智慧交通

为提高城市道路交通管理水平，青岛正在打造高效、可靠的智能交通安全管理系统，完善智能交通系统框架，加强硬件和软件设施建设，其中包括交通信息采集、诱导发布信息、信号控制系统、管理执法类智能交通系统等。是非成败转头空，青山依旧在，几度夕阳红。白发渔樵江渚上，惯看秋月春风。白发渔樵江渚上，惯看秋月春风。

滚滚长江东逝水，浪花淘尽英雄。白发渔樵江渚上，惯看秋月春风。是非成败转头空，青山依旧在，几度夕阳红。滚滚长江东逝水，浪花淘尽英雄。滚滚长江东逝水，浪花淘尽英雄。滚滚长江东逝水，浪花淘尽英雄。是非成败转头空，青山依旧在，几度夕阳红。

第 3 章　重庆，知行合一

3.1　传统出行方式面临转型

随着城市空间演进，重庆市主城区城市尺度从 10 km×15 km 的范围拓展到南北 30 km 长、东西 40 km 宽（见图 3.1），组团用地功能化以适应城市功能发展的要求，跨组团出行增加，常规"公共交通+步行"的出行结构受到前所未有的挑战，出行比例持续下降，在步行向其他方式转变的过程中，小汽车对公共交通形成极大竞争（见表 3.1）。

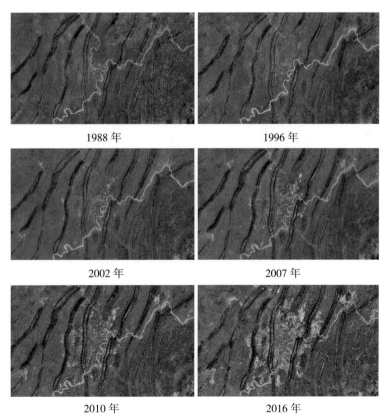

1988 年　　　　　　　　　1996 年

2002 年　　　　　　　　　2007 年

2010 年　　　　　　　　　2016 年

图 3.1　重庆市主城区空间演进图

表 3.1　重庆市历年交通出行方式结构变化

单位：%

年　份	步行交通	公共交通			其他机动化出行	
	步行交通	公共电汽车	轨道交通	出租车	小汽车	其　他
2002	62.7	27.1	0.5	4.4	4.7	0.6
2008	49.9	33.1	0.9	5.9	9.3	0.9
2014	46.3	26.8	5.8	4.8	15.8	0.5

3.2　重庆市交通可持续发展

3.2.1　轨道交通

为了适应重庆城市总体规划，至 2050 年重庆市将建成 18 条轨道交通线路，构成轨道交通"环 + 放射"网络结构线网。届时，轨道交通总长约 820 km，其中主城区轨道交通线路约 780 km，主城区轨道交通线网密度约 0.69 km/km²。轨道交通占机动化出行比例为 45%，占公交出行比例为 60%。

《重庆市城市轨道交通第二轮建设规划（2012—2020 年）》于 2012 年年底获得国家发改委审批，为重庆轨道交通未来 10 年稳步发展奠定了坚实基础。按照市委、市政府的目标要求，至 2020 年，重庆市通车总里程将超过 400 km，可为 600 万人提供方便、快捷、舒适的乘车服务，沿线车站周边将集聚都市区 60% 的人口，步行 10 min 即可到达车站。市民乘坐轨道交通半小时内可由中央商务区到周边组团，生活与出行质量以及城市交通环境、城市形象将得到极大改善，并将带动沿线房地产、建筑业及其他产业的发展，为城市社会发展和经济增长做出新贡献。

3.2.2　公交都市

重庆市是国家首批"公交都市"建设试点城市。截至 2015 年，重庆市创建"公交都市"工作获得了长足稳步发展，根据《交通运输部关于印发〈公交都市考核评价指标体系〉的通知》，重庆市主城区公交都市创建指标共有 32 项，其中考核指标 20 个、参考指标 10 个、特色指标 2 个，各项建设内容稳步推进（见表 3.2）。

表 3.2　2015 年公交都市考核评价指标值

指标分类	指标	统计口径	2015 年值
考核指标	公共交通机动化出行分担率	主城区	60.8%
	公共汽电车线路网比率	主城区	58.10%
		中心城区	76.31%
	公共交通站点 500 m 覆盖率	主城区	81.3%
		中心城区	86%
	万人公共交通车辆保有量	主城区	22.07 标台 / 万人
	公共交通正点率	主城区	60.78%
	早晚高峰时段公共汽电车平均运营时速	主城区	16.3 km/h
	早晚高峰时段公共交通平均拥挤度	主城区	98.5%
	公共交通乘客满意度	主城区	81.26%
	公共汽电车进场率	主城区	28.10%
	公交专用道设置比率	主城区	0.6%
		中心城区	0.8%
	绿色公共交通车辆比例	主城区	99.91%
	公共汽电车责任事故死亡率	主城区	0.0086 人 / 百万千米
	轨道交通责任事故死亡率	主城区	0%
	城乡客运线路公交化运营比率	主城区	100.00%
	公共交通运营补贴制度及到位率	主城区	100%
	公共交通乘车一卡通使用率	主城区	83%
	公共交通一卡通跨省市互联互通	主城区	实现了部分市属区县互通
	公共交通智能化系统建设和运行情况	主城区	累计完成 582 条线路智能调度系统推广应用；完成 8 369 辆公交车无线车载视频监控设备安装；完成 7 981 辆公交车 POS 刷卡机的升级改造
	城市公共交通规划编制和实施情况	主城区	完成《公共交通"十三五"规划》《主城区首末站及停车港布局规划》，出台地方标准《公交首末站规划设计规范》（DB 50/T 662—2015），编制《重庆市公交站场信息系统技术规范》《重庆城市公共交通视频监控系统功能及接入技术要求》两个行业地方标准
	建设项目交通影响评价实施情况	主城区	公共交通影响全面纳入交通影响评价
参考指标	公共交通出行分担率	主城区	60.8%
	公共交通人均日出行次数	主城区	0.64 次
	公共汽电车线路网密度	主城区	4.24 km/km^2
	公共汽电车平均年龄	主城区	4.22

续表

指标分类	指　标	统计口径	2015 年值
参考指标	公共交通投诉处理完结率	主城区	100%
	公共汽电车车均场站面积	主城区	104.7 m²/ 标台
	公共汽电车港湾式停靠设置率	主城区	40%
	公交优先通行交叉口比率	主城区	0
	公共交通职工收入水平	主城区	109.4%
	公共交通优先发展配套政策制定情况	主城区	编制《重庆市主城区公共交通优先发展实施意见》
特色指标	空调公共汽电车比例	主城区	88.97%
	公共汽电车区域化经营管理体制	主城区	正式完成区域化经营体制改革

3.2.3　山城步道

重庆市政府从 2001 年开始对渝中半岛城市功能进行了持续的规划研究和政策研究，提出的改进措施中，建设山城步道是其中一项重要任务。经过多年的规划和建设，在渝中半岛逐步形成了步行空间的雏形，完成了解放碑中心商业步行街的建设，人民广场建成使用，规划了 8 条长江与嘉陵江的联系步道，并建成了其中 3 条。2010 年重庆市政府编制完成了《重庆渝中半岛步行系统规划》[16]，形成"五横十二纵一环"的步行休闲廊道结构（见图 3.2），联系重庆中心城区主要公共领域圈及特质地区，

图 3.2　渝中半岛步行网络规划图

使城市魅力随步行活动流动起来。

此外，在《重庆市城乡总体规划（2007—2020 年）》（2014 年深化）[17]中，增加了"美丽的山水城市"的城市性质定位。重庆美丽山水城市规划以"充分利用自然山水田园、森林绿化、历史文脉、山城形态等特色资源"为原则，利用山体纵横、河流密布的地理资源，形成以长江、嘉陵江、乌江三大水系生态带和大巴山、大娄山、华蓥山、七曜山四大山系生态屏障为本底，以交通廊道、水系廊道、山体廊道为骨架，以农田和林地等多元自然开敞空间为基质的山水格局，凸显山美、水美、田园美，突出城镇和乡村特色。

3.2.4　共享出行

重庆是 car2go 在亚太地区合作的第一个城市，也是在交通创新上走在最前面的城市，上线短短 6 个月，重庆凭借 113 000 注册会员成为 car2go 全球第六大出行市场[18]。

同时，重庆本土企业也加快了共享车辆的投放与运营。力帆集团推出了西部第一个智能分时租赁项目——"盼达"用车计划。2016 年"盼达"用车计划在重庆主城投入运营的分时租赁车辆增至 2 000 辆，全面覆盖重庆主城出行热点区域及重要商圈[19]。上线仅一年，"盼达"用车已在全国 8 个城市建立了分公司，累计投入运营的新能源汽车数达 4 000 多台，成为了国内分时租赁站点投入运营速度最快、新能源汽车单个城市投放规模最大的分时租赁项目。

据统计数据显示，截至 2016 年 10 月底，"盼达"用户累计使用新能源车 37 149 347 min，行驶里程 12 383 116 km，累计减少二氧化碳排放量 9 188 t，能填满约 2 483 个水立方。且每投入一辆新能源车同比减少了 190 辆传统燃油车的使用，比普通私家车提升了 320% 以上使用率，其租赁站点的专属车位使用率更是比普通停车位提高了 430% 以上。

3.2.5　智慧交通

重庆市主城区智慧交通系统（一期）工程于 2007 年 6 月开工，2008 年年底建成。工程建设范围包括内环高速以内的主城区域，涉及渝中区、南岸区、沙坪坝区、江北区、九龙坡区、大渡口区、渝北区、巴南区、高新区等。建设内容包括交通监控中心机房升级改造、交通监控分控中心建设、电视监控系统建设、交通信号控制系统建设、闯红灯违法记录系统建设、交通诱导系统建设、移动执法系统建设、视频车辆监测系统建设、指挥调度系统集成建设、通信及电力管网建设、路口渠化建设（见表 3.3）。

表3.3　重庆市主城区智慧交通系统（一期）工程建设内容和规模

序　号	内　容	规　模
1	交通监控中心机房升级改造（交巡警总队）	1 项
2	交通监控分中心建设（渝中、九龙坡、南岸支队）	3 项
3	CCTV 系统	200 套
4	交通信号控制系统	500 套
5	交通违法监测记录系统	500 套
6	交通诱导系统	20 套
7	移动执法系统	300 套
8	卡口系统	26 套
9	指挥调度系统	1 套
10	通信系统	1 项
11	路口渠化	400 处

2011 年 6 月 20 日，经重庆市政府第 103 次常务会议审议，印发了《重庆市人民政府关于印发〈畅通主城行动计划〉的通知》，提出"加强交通管理设施建设，提升智能化管理水平，对主城区信号灯系统进行智慧化改造，加强交通智慧预测诱导系统建设"。为落实市政府的要求，通过科技手段提升交通管理水平，缓解城市交通堵塞，重庆市公安局交巡警总队积极谋划，计划投资人民币 3.4 亿元，升级改造重庆市主城智能交通系统。

3.2.6　山地城市步道和自行车交通规划设计导则

从 2009 年开始，重庆市政府就展开了对渝中区山城步道的研究，该项目被列入全国首批步行、自行车城市示范项目。2010 年重庆市成为全国示范城市，在渝中区、北部新区、大学城等地相继开展了详尽的研究示范，国家住建部在 2011 年验收中给予高度评价。

2016 年，《重庆市山城步道和自行车交通规划设计导则》（以下简称《导则》）正式发布[20]。这是国内首个结合山地城市特殊需求，指导山城步道和自行车交通规划设计的地方行业技术指导文件，对推动低碳出行、改善市民健康生活所需的环境品质具有重要意义。

第 2 篇

技术营造未来

第4章 不一样的山城，不一样的体系

4.1 山地城市特征

4.1.1 山地城市概念

山地城市或叫山城，在国外又称作斜面都市或坡地城市，即指城市修建在倾斜的山坡地面上。山地城市的自然特征可以从以下两个方面进行广义的界定：

①城市修建在坡度大于50°的起伏不平的坡地上而区别于平地城市，无论其所处的海拔高度如何，如重庆、兰州、攀枝花、香港、青岛、延安、遵义等。

②城市虽然修建在平坦的用地上，但由于其周围复杂的地形和自然环境条件，对城市的布局结构、发展方向和生态环境产生重大影响，如贵阳、昆明、桂林、杭州、烟台等。

4.1.2 山地城市特征

山地城市在我国占有相当大的比重，由于不同城市的自然地形、发展动力、文化历史、各类资源、规模性质等条件不同，山地城市派生出千差万别的不同于平原城市的城市特征，这些特征主要包含：

（1）城市地形方面

不同于平原城市的平坦、规则，山地城市地理条件复杂多变，山脉蜿蜒，河谷纵横，地形极不规则。山地城市大多是自然生长起来的，受复杂地形条件限制，城市往往被山脉、江河、冲沟、丘谷分割，因此山地城市大多是坐落在沿江河流域、山脉之间的地方。

（2）城市空间结构方面

山地城市由于受地理地形的影响，一般形成多中心、组团式、

立体化的空间结构，使得城市空间发展具有弹性，为城市发展留有较大余地，同时使得土地复合利用度提高，有利于城市发展与自然演进的生态平衡。

（3）城市道路网络方面

山地城市的地势不同于平原城市的平坦，所以山地城市的道路网络呈现复杂性和交错性。从道路线形看，山地城市道路线形中曲线较多；另一方面，从路网结构看，山地城市的道路网设计一般结合地形布置，所以断头路、尽端路比较多，路网连通度差。这样的空间环境结构使山地城市出现了组团内部出行距离短，易出行；组团之间出行距离长，易堵塞的现象（见图 4.1）。

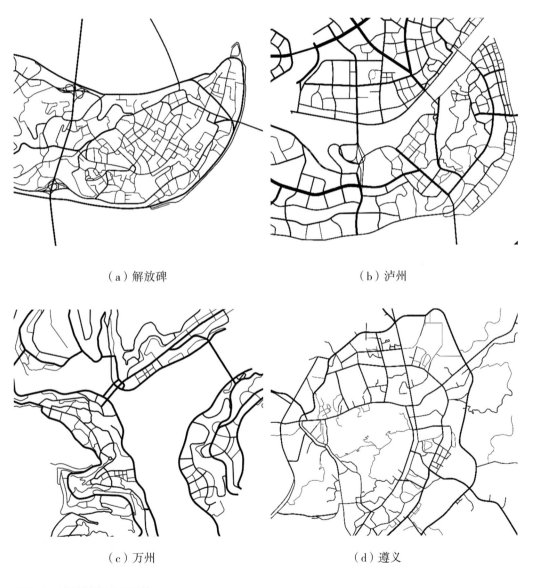

（a）解放碑　　　　　　　　　　　　　　（b）泸州

（c）万州　　　　　　　　　　　　　　（d）遵义

图 4.1　山地城市交通网络

（4）城市交通方面

山地城市交通除了具有一般城市交通流时空分布的不均衡性和复杂性特点外，还具有由于受地形明显变化影响而呈现出的多样性、立体化特点。此外，山地城市由于地形限制，用地多被山峦或溪河等分割形成分片区的布局模式，因此交通方式呈现多样化，除了拥有传统的公交车、小汽车、轨道交通外，还有室外隧道、室外自动扶梯、缆车、过江索道、过江吊车等交通方式。

4.2　山地城市可持续交通评价体系架构初探

构成城市交通系统可持续发展评价的基本要素有评价范围、评价对象、评价目标、评价标准、评价指标、评价模式、评价持续度及其判断依据等。这些基本要素的有机组合成为一个评价系统，必须反映城市社会、经济、环境结构与功能的适应性和协调性等基本特征，体现城市交通系统可持续发展评价的应用性和可操作性。

城市交通系统可持续发展评价的重点有两个方面：一是注重发展状态，既强调特定发展过程和增长阶段交通系统内部结构的均衡性，又强调城市交通系统要素之间的协调性；二是注重动态过程，通过资源的利用速率和合理的代替分配，使城市交通系统的每一个发展阶段有足够的基础支持，以保证发展过程的连续性与稳定性。

山地城市可持续交通体系发展缓慢落后的情况仍然比较明显，鉴于其理论体系、数据获取、技术水平的实际情况，关于评价体系构架的基础，主要参考了国内外学术界研究成果，以及工程界实际项目应用成果，并结合山地城市进行了"因地制宜"的设计。关于具体评价指标的建立及其判断依据，仍然需要在大量的理论分析、数据调查、统筹分析基础上持续改进完善。以下主要介绍体系架构及相关评价指标定义。

4.2.1　评价内容

城市交通系统可持续发展是学科发展的国际前沿性课题。21世纪初以来，国内外学者陆续开始了对可持续交通评估体系的研究，并取得了一系列研究成果[21-30]。针对山地城市交通可持续发展的评价以定量描述的评价方法为主，应用自上而下的层次分析法，确立指标体系结构模型。考虑指标体系主要用于指导和评价专业的城市交通规划，所选取的指标应符合专业标准并为行业认同。选取交通与土地协调性、交通出行结构、交通设施建设、交通功能、社会经济、环境与资源利用6个方面作为目标层（见图4.2）：

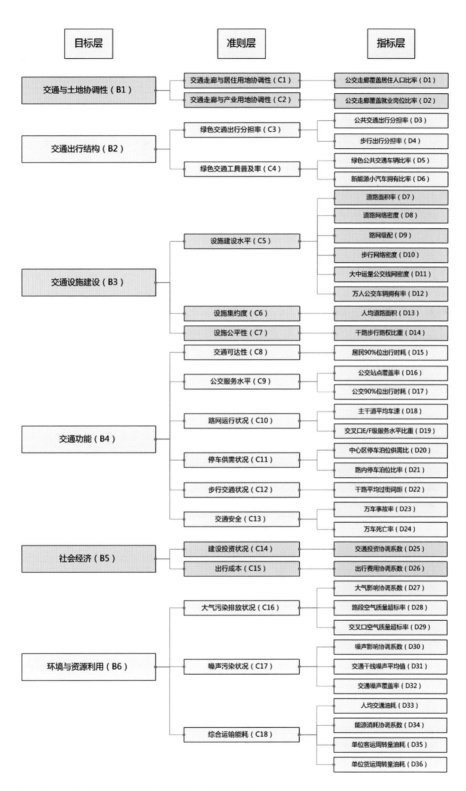

图 4.2　山地城市交通系统可持续发展评价模型

①交通与土地协调性目标，包括交通走廊与居住用地协调性、交通走廊与产业用地协调性2项评价准则。

②交通出行结构目标，包括绿色交通出行分担率、绿色交通工具普及率2项评价准则。

③交通设施建设目标，包括设施建设水平、设施集约度、设施公平性3项评价准则。

④交通功能目标，包括交通可达性、公交服务水平、路网运行状况、停车供需状况、步行交通状况、交通安全6项评价准则。

⑤社会经济目标，包括建设投资状况、出行成本2项评价准则。

⑥环境与资源利用目标，包括大气污染排放状况、噪声污染状况、综合运输能耗3项评价准则。

4.2.2　指标体系

评价指标选择的原则是：以尽量少的指标，反映最主要和最全面的信息（见表4.1）。

表4.1　山地城市可持续交通评价指标体系

目标层	准则层	指标层
交通与土地协调性（B1）	交通走廊与居住用地协调性（C1）	公交走廊覆盖居住人口比率（D1）
	交通走廊与产业用地协调性（C2）	公交走廊覆盖就业岗位比率（D2）
交通出行结构（B2）	绿色交通出行分担率（C3）	公共交通出行分担率（D3）
		步行出行分担率（D4）
	绿色交通工具普及率（C4）	绿色公共交通车辆比率（D5）
		新能源小汽车拥有比率（D6）
交通设施建设（B3）	设施建设水平（C5）	道路面积率（D7）
		道路网络密度（D8）
		路网级配（D9）
		步行网络密度（D10）
		大中运量公交线网密度（D11）
		万人公交车辆拥有量（D12）
	设施集约度（C6）	人均道路面积（D13）
	设施公平性（C7）	干路步行路权比重（D14）
交通功能（B4）	交通可达性（C8）	居民90%位出行时耗（D15）
	公交服务水平（C9）	公交站点覆盖率（D16）
		公交90%位出行时耗（D17）

续表

目标层	准则层	指标层
交通功能（B4）	路网运行状况（C10）	主干道平均车速（D18）
		交叉口 E/F 级服务水平比重（D19）
	停车供需状况（C11）	中心区停车泊位供需比（D20）
		路内停车泊位比率（D21）
	步行交通状况（C12）	干路平均过街间距（D22）
	交通安全（C13）	万车事故率（D23）
		万车死亡率（D24）
社会经济（B5）	建设投资状况（C14）	交通投资协调系数（D25）
	出行成本（C15）	出行费用协调系数（D26）
环境与资源利用（B6）	大气污染排放状况（C16）	大气影响协调系数（D27）
		路段空气质量超标率（D28）
		交叉口空气质量超标率（D29）
	噪声污染状况（C17）	噪声影响协调系数（D30）
		交通干线噪声平均值（D31）
		交通噪声覆盖率（D32）
	综合运输能耗（D18）	人均交通油耗（D33）
		能源消耗协调系数（D34）
		单位客运周转量油耗（D35）
		单位货运周转量油耗（D36）

对评价体系的相关指标定义如下：

公交走廊覆盖居住人口比率（D1）：城市公共交通走廊中心线两侧各 600 m 范围内覆盖的居住人口数量占城市总居住人口的比例。

公交走廊覆盖就业岗位比率（D2）：城市公共交通走廊中心线两侧各 600 m 范围内覆盖的就业岗位数量占城市就业岗位总数的比例。

公共交通出行分担率（D3）：城市居民一日交通出行中，采用公共交通出行（包含轨道交通、快速公交、常规公交等，不含出租车）的出行量占市区总出行量的比例。

步行出行分担率（D4）：城市居民一日交通出行中，采用步行出行的出行量占市区总出行量的比例。

绿色公共交通车辆比率（D5）：城市绿色公共交通车辆（包含地铁、轻轨、单轨、混合动力车、燃料电车电动车、纯电动车、其他新能源车、压缩天然气汽车、液化天然气汽车等）标台数占公共交通车辆标台总数的比例。

新能源小汽车车辆比率（D6）：城市新能源小汽车数量占小汽车保有量总数

的比例。

道路面积率（D7）：特定建成区内，各功能等级道路的用地面积之和与城市建设用地总面积的比例。

道路网络密度（D8）：特定建成区内，各功能等级道路的总长度与城市建设用地总面积的比例。

路网级配（D9）：特定建成区内，不同功能等级道路之间里程的比例关系。

步行网络密度（D10）：特定建成区内，各类功能的步行道路总长度与城市建设用地总面积的比例。

大中运量公交线网密度（D11）：特定建成区内，不同形式的大中运量公共交通系统的线网总长度与城市建设用地总面积的比例。

万人公交车辆拥有量（D12）：建成区每万人平均拥有的公共交通车辆（包括常规公交、轮渡、轨道交通）的标台数。

人均道路面积（D13）：特定建成区内，各功能等级道路的用地面积之和与城市常住人口的总数的比例。

干路步行路权比重（D14）：城市主干路与次干路红线宽度内，步行交通专属的道路空间面积占道路总面积的比例。

居民 90% 位出行时耗（D15）：将城市居民出行时耗由小到大进行排序，位于第 90% 位的出行时耗值。

公交站点覆盖率（D16）：公共交通站点 300 m/500 m 覆盖范围占城市建成区范围的比例，以及公交站点服务范围内的人口比重。

公交 90% 位出行时耗（D17）：将城市居民公交出行时耗由小到大进行排序，位于第 90% 位的出行时耗值。

主干道平均车速（D18）：主要干道高峰期间及平峰期间机动车运行速度。

交叉口 E/F 级服务水平比重（D19）：服务水平在 E/F 级的交叉口所占比重。

中心区停车泊位供需比（D20）：中心区机动车停车容量与停车泊位需求的比值。

路内停车泊位比率（D21）：特定建成区内，机动车路内停车泊位数占停车总泊位数的比例。

干路平均过街间距（D22）：城市主次干路及以上等级的骨干路网内，人行横道、过街天桥、过街地道等设施的平均间隔距离。

万车事故率（D23）：城市每万辆机动车的年交通事故（一般以上事故）发生次数。

万车死亡率（D24）：城市每万辆机动车的年交通事故死亡人数。

交通投资协调系数（D25）：交通投资年均增长率与国民生产总值年均增长率比值。

出行费用协调系数（D26）：居民出行费用增长率与居民人均收入增长率的比值。

大气影响协调系数（D27）：交通污染物排放增长率与机动车增长率的比值。

路段空气质量超标率（D28）：空气质量差的路段占交通网络的比重。

交叉口空气质量超标率（D29）：空气质量差的交叉口占交叉口的比重。

噪声影响协调系数（D30）：噪声超标路段长度增长率与道路长度增长率的比值。

交通干线噪声平均值（D31）：城市主次干路及以上道路交通噪声平均值。

交通噪声覆盖率（D32）：受噪声超标路段影响的人数占总人数的比重。

人均交通油耗（D33）：每小时交通总油耗与总人口的比值［L/（人·h）］。

能源消耗协调系数（D34）：交通油耗增长率与出行量增长率的比值。

单位客运周转量油耗（D35）：城市客运交通出行中，人均每出行 1 km 所产生的能源消耗量。

单位货运周转量油耗（D36）：城市货运交通出行中，每运输 1 t 货物移动 1 km 所产生的能源消耗量。

第5章 大数据，让公交出行更科学

城市公共交通是满足人民群众基本出行的社会公益性事业，是交通运输服务业的重要组成部分，与人民群众生产生活息息相关，与城市运行和经济发展密不可分，是一项重大的民生工程。国家2005年确立"公交优先"发展战略以来，公共交通在缓解交通拥堵、降低空气污染和能源紧张，以及合理利用城市土地资源等方面的价值和作用，愈来愈为各级政府所关注，"公交优先"战略已经成为我国城市交通可持续发展的必然选择。然而，"公交优先"在当今我国大多数城市公共交通建设和运营的现实中，很大程度上还是一个概念。

实现公交优先，最重要的任务就是不断提高公共交通的客流量及出行分担率，让公共交通切实成为城市机动化出行的主导方式。为实现此目标，最重要的工作就是对城市公共交通出行特征进行全面、可靠地分析评价，在有效把握客流特征基础上制订相应的运营优化措施和配套政策，不断提升公共交通的分担率。

重庆市是中国目前行政辖区最大、人口最多、管理行政单元最多，西部经济总量最大的超大型城市。城市依山傍水，层叠而上，以"江城""山城"著称，是世界上最大的内陆山水城市。独特的地形、地貌导致典型的组团城市空间形态和高密度集中开发的城市发展格局。作为山地城市的典型代表，重庆市主城区人口密度与建筑密度都很高，道路资源匮乏，路窄、弯急、坡陡、道路网络性差，公共交通历来是居民出行首选的交通方式。近年来，重庆城市公共交通尤其是轨道交通建设突飞猛进，在缓解城市拥堵、促进城市交通可持续发展方面发挥了重要的积极作用，但私家车大范围普及、网约车的爆发式发展也给公共交通发展带来了诸多挑战。本章将重点结合重庆公共交通客流分析的相关经验和案例，对公共交通客流分析评价的关键技术进行论述。

5.1　公共交通与时代同进

近年来，随着科学技术的进步，公共交通逐步向快速化、舒适化、多样化、环保化发展。公共交通技术的发展为乘客提供了越来越舒适、越来越方便的出行条件，不断适应市民出行多样化的交通需求。尤其是随着城市交通的日益拥堵，轨道交通越来越受到关注和重视。轨道交通的大规模建设让更多的城市进入公共交通发展的新时代"公交轨道一体化的公共交通服务体系"时代，这要求必须处理好公交轨道之间的竞合关系。依据公交轨道之间的发展关系，城市公共交通可划分为以下几个发展阶段。

5.1.1　公交主导期（轨道基础网络形成之前）

轨道建设投资大、周期长，难以在短时间内快速形成轨道线网。轨道发展初期一般为局部区域或通道上的轨道线路建设，其客流增长体现为带状或局部客流的增加，此阶段的公共交通仍然以常规公交为主，公交轨道客流关系主要体现为局部竞争。这个阶段轨道网络尚未形成，轨道交通吸引力极其有限，客流总体特征主要体现为常规公交为轨道不断输送客流，乘客出行难以完全依赖轨道。

5.1.2　公交轨道震荡磨合期（轨道基础网络形成到网络成熟阶段）

随着轨道线网逐步加密，轨道交通将逐步形成基础网络结构，具体体现在轨道线路基本覆盖主城各大片区，但其线网密度仍较低。轨道交通网络效应逐步释放并吸引城市资源向轨道沿线聚集，但常规公交由于其线网布局灵活、覆盖密集、票价低的特点仍有较大的客流市场。此阶段是常规公交发展定位的调整期，常规公交出行将在此阶段由公共交通出行主导者逐步过渡到公共交通出行的重要参与者，在小汽车发展迅速、交通拥堵日益加剧的情况下，常规公交服务优势将逐步削弱并由此带来客流下行压力，从而可能导致常规公交的供给过剩。常规公交将面临较为艰难的改革转型，需要不断调整供给结构，深挖客运市场需求（如加强定制公交、接驳公交业务拓展等）以适应市场需求变化。

5.1.3　公交轨道共生共荣期（轨道网络成熟，公交轨道客流基本稳定）

随着轨道线网的进一步加密，城市轨道交通网络将日趋形成一个相对稳定的状态，轨道线网几乎可以实现城市社区级全覆盖，与此同时轨道交通建设的速度将大幅放缓。

此阶段，常规公交与轨道交通之间的客流分担率长期维持在一定的比例水平。公交轨道之间的关系由原来的竞争关系全面迈入相互协作、一体化运营阶段，公交轨道各司其职，轨道重点负责中长距离出行，常规公交重点提供中短距离出行服务、轨道接驳等。两者只有高度一体化、顺畅衔接，才能不断提升公共交通整体服务水平，吸引更多的人乘坐公共交通出行。

5.2 数据解读"从数据到信息，从模拟到写实"

5.2.1 公共交通系统"心电图"——客流时间分布

对一天各时段的客流分析重点为高峰客流分析，具体通过抽取特征天公共交通 IC 卡刷卡信息，以刷卡记录的时间字段为索引进行时间切片，统计各时段客流量。

1) 公共交通客流时间分布

一天各时段公共交通客流分布，尤其是早高峰及晚高峰的分布指数，是公共交通乘客行为特征分析的重要评价指标。以重庆某周三（工作日）公共交通客流时间分布为例（见图 5.1），客流呈现明显的双峰效应，早高峰"来得快，走得慢"，晚高峰"来得慢，走得快"。另外，可以分别统计常规公交、轨道交通甚至成人卡、老年卡、学生卡等人群的客流时间分布，以重庆主城为例，轨道交通较常规公交高峰出行更为集中（见图 5.2、图 5.3）。成人卡的高峰效应最为明显，学生卡早高峰明显、晚高峰趋缓，老年卡人群高峰效应不明显。

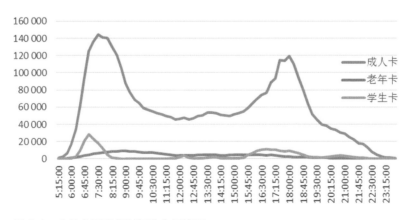

图 5.1 公共交通出行时间分布示意图

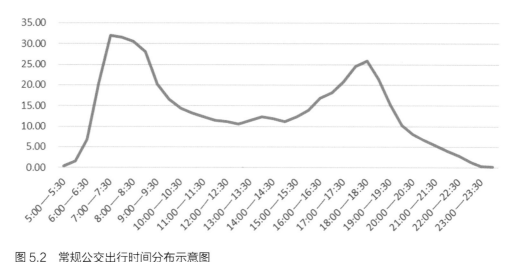

图 5.2　常规公交出行时间分布示意图

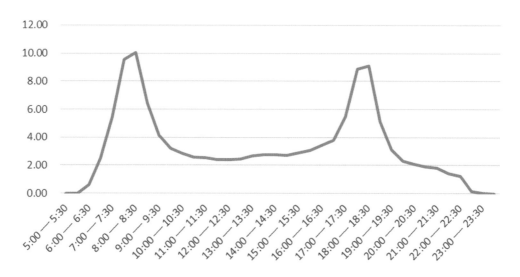

图 5.3　轨道交通出行时间分布示意图

2）从整体到局部，大数据让我们做得更精细

除了从城市总体层面上对公共交通客流状态进行评估分析，还需要针对一些关键区域、特定节点进行专项研究分析，例如大型综合枢纽、大型商圈、大型卖场等。针对这些大型客流集散点，将主要从乘客出行特征的角度来进行分析，以重庆江北观音桥商圈为例，其早高峰出行较全城范围情况更加集中，早高峰效应更加明显（见图 5.4）。

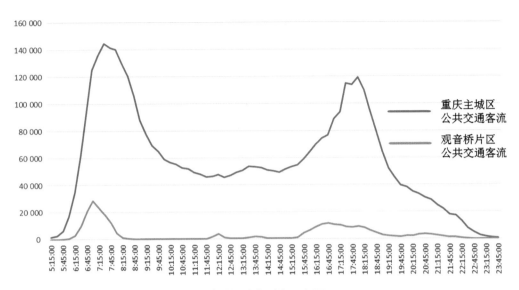

图 5.4　观音桥片区与全城公共交通客流时间分布对比示意图

5.2.2　为公共交通画像——客流空间分布可视化

公共交通客流主要由常规公交客流和轨道交通客流两部分构成。常规公交客流 OD 分布可基于公交车 GPS 和公交 IC 卡数据进行推导，根据公交乘客 IC 卡刷卡记录的时间信息和车辆信息与公交车辆的 GPS 记录信息相匹配，得到乘车人的位置信息，并在此基础上通过站点位置信息与乘车人位置信息相匹配推导得出各公交线路乘客的上、下车站点和乘车方向，进而得到其出行起讫点，即公交出行 OD。轨道交通出行的 OD，基于其完善的信息系统，可获取性相对简单，可依靠轨道站进出闸机刷卡数据进行匹配（见图 5.5、图 5.6）。在公共交通客流 OD 推导基础上，结合地理围栏技术将站点客流按照交通小区或通道路段进行匹配汇总，得到各区域或通道的客流分布情况，通过上述方法将两者客流进行融合汇总即可得到公共交通总体客流情况。

　　1）区域客流热力分布
区域客流热力分布是指各区域公共交通客流的总量分布情况。根据城市地形、地貌及建筑业态分布将城市划分为若干个交通小区，通过地理围栏技术将站点客流在交通小区层面进行汇总得到各交通小区的公共交通客流总量，以此为基础在 GIS 模型上形成可视化较好的热力图。图 5.7 是以重庆为例制作的公共交通客流区域分布热力图，通过分析发现大部分公共交通客流分布在核心区的渝中组团、大杨石组团、南坪组团、观音桥组团和沙坪坝组团，且各组团客流在商圈附近集中度高。

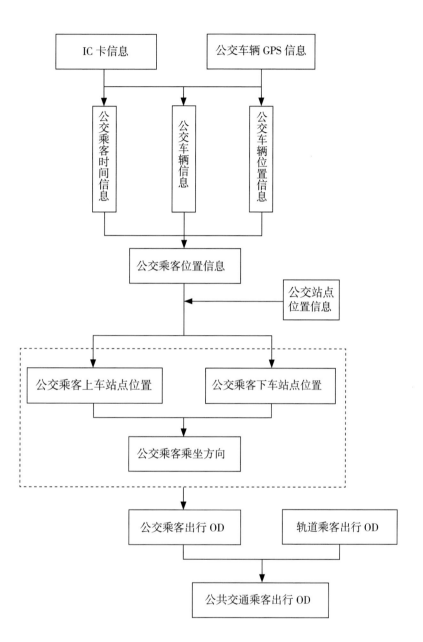

图 5.5　公共交通客流 OD 推导技术路线图

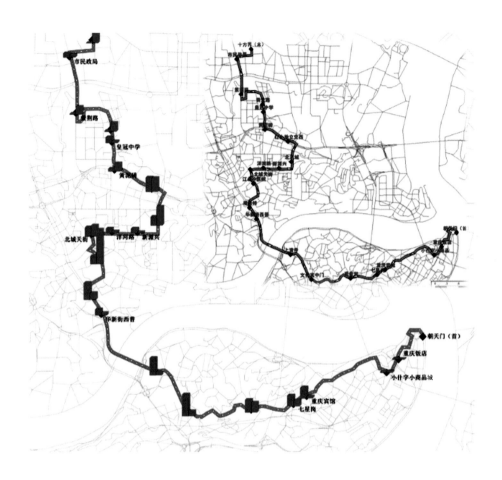

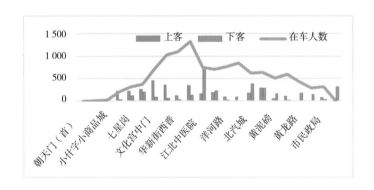

图 5.6　重庆 461 线路站点上、下客分布示意图

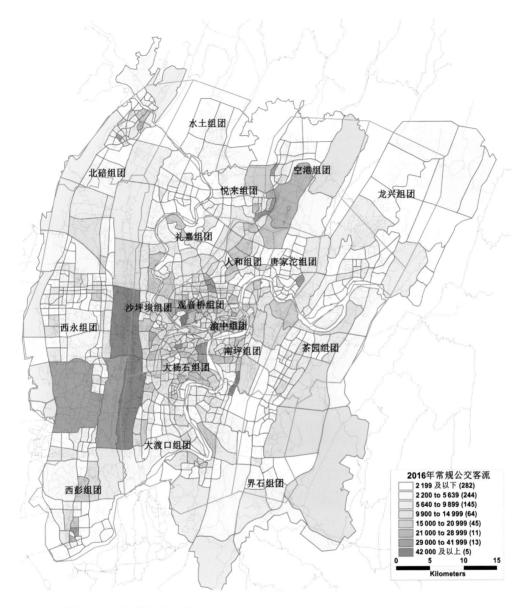

图 5.7　常规公交客流分布热力图

2）通道客流热力分布

　　根据 OD 推导的数据，结合公共交通综合模型的分配方法，最终将实现城市各道路上公共交通客流分布的情况。此方法主要结合 TransCAD 软件中的随机用户平衡公共交通客流分配模型进行基于站点 OD 的公共交通客流（包含常规公交和轨道交通）分配，以反映客流在路段上的分布。由于模型分配是对现实状况的模拟，分配后需对各线路客流模型分配量与统计量进行对比校核，以保证分配方法选择及参数设置合理（见图 5.8~5.10）。

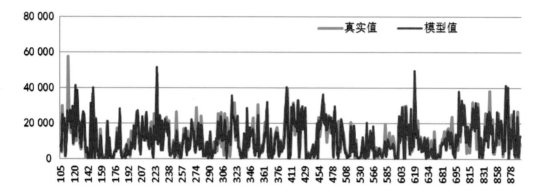

图 5.8　线路模型分配客流量与统计量对比图

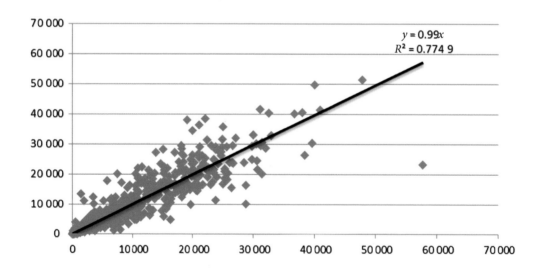

图 5.9　模型分配校核回归分析图

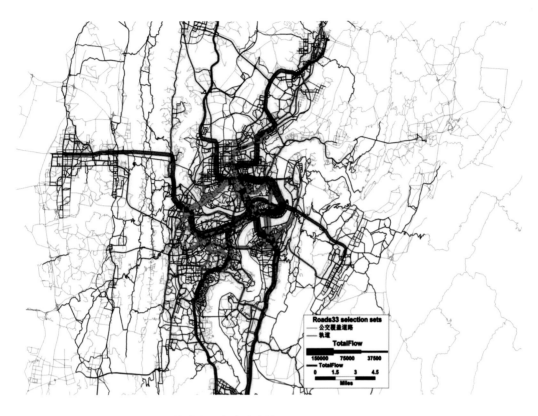

图 5.10　公共交通常规公交及轨道交通客流分布情况

3）换乘聚焦

城市公共交通系统的换乘主要针对 3 个层面：一是整体换乘量和换乘比例，反映系统整体的综合效率，换乘规模需要控制在一个合理水平，一般应控制在 1.25 以下；二是在线路层面对各线路尤其是公轨之间换乘客流量及换乘率进行统计分析，分析评价线路接驳功能、线路功能定位等；三是针对大的客流站点进行更有针对性的专项分析，尤其是轨道换乘站点、轨道与公交的大型接驳站点。以重庆红旗河沟轨道站的换乘分析为例，分析其换乘行为，总换乘量达到 44 485 人次，主要为轨道交通 3 号线换乘轨道交通 6 号线（见图 5.11）。

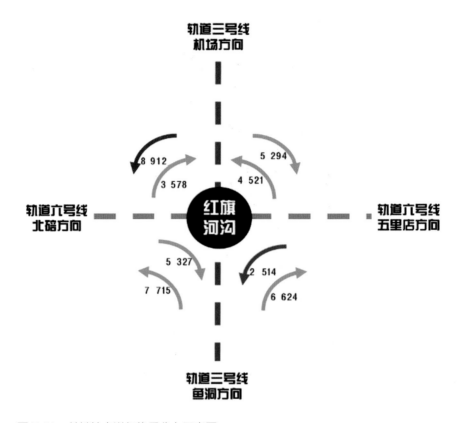

图 5.11　关键站点详细换乘分布示意图

5.2.3　"以人为本，顾客导向"——乘客行为分析

公共交通最终服务的对象是乘客，分析人的出行行为习惯和特征，对建立以人为本、因人而异的公共交通服务系统具有重要意义。乘客行为分析可按照乘客的出行结构特点或社会属性进行聚类统计分析，同时可与乘客出行时间、空间分布进行交叉分析，有效掌握不同类型乘客人群的出行时间及空间分布特征。在运营优化方面，可结合各类型人群出行特征对公共交通线路的服务功能按照重点服务人群进行划分，为乘客提供更具针对性、精细化的服务。

1）基于出行模式的乘客聚类

依据乘客对公共交通出行的依赖程度进行聚类分析，可分为 4 类人群：

①依赖公共交通出行人群，识别标准为周均公共交通出行 10 次以上。

②基本依赖公共交通出行人群，识别标准为周均公共交通出行 7~9 次。

③经常乘坐公共交通出行人群，识别标准为周均公共交通出行 4~6 次。

④偶尔乘坐公共交通出行人群，识别标准为周均公共交通出行 1~3 次。

以重庆轨道交通乘客聚类分析为例，可以分析得出不同聚类乘客的分布情况（见图 5.12、图 5.13）。

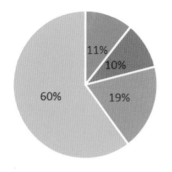

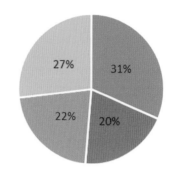

図 5.12　轨道交通各类人群数量比例分布　　图 5.13　轨道交通各类人群出行量比例分布

　　2）基于社会属性的乘客聚类

依据乘客的社会属性，如年龄、职业、收入、有无小汽车等进行聚类分析。一般城市公共交通 IC 卡会基于不同使用者发行不同类别的智能卡，基于 IC 卡类别可以比较方便地把乘客划分为工作人群（普通卡 + 成人卡）、老年人群（老人卡）、学生人群（学生卡）等，通过 IC 卡使用者的类别信息可以分析不同人群的出行特征（见图 5.14、图 5.15）。但是目前 IC 卡非实名制卡，很多基于其他社会属性如职业、收入等的聚类分析难以实现，对此可结合传统问卷抽样调查方式获取乘客所使用的 IC 卡 ID 号及

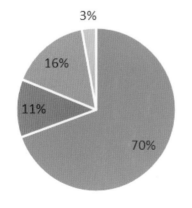

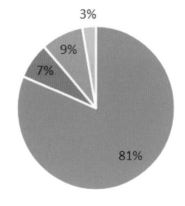

图 5.14　常规公交各类人
群数量比例分布　　　　图 5.15　常规公交各类人
群出行量比例分布

其他更为详细的社会属性信息，实现更精细、更深层次的乘客行为分析。

5.3 交叉分析"Data×Data=Big Data"

以上依据时间、空间、乘客行为的分析均为基本分析主题。基于公共交通 GPS、IC 卡刷卡大数据良好的可获取性，可在上述基本分析主题基础上对其进行交叉分类，生成多种交叉分析主题。值得注意的是，交叉分析可以为简单的两两交叉即"1+1 型交叉"，还可以在"1+1 型交叉"的基础上进一步产生"1+2 型交叉"，甚至"2+2"型交叉等。如时间、空间交叉分析（1+1 型交叉），可分析高峰时段客流的分布、各区域不同时段的出行分布等。在此基础上叠加出行人群交叉分析（1+2 型交叉），可得到各类人群不同时段空间分布情况（见图 5.16）。具体可根据分析目标的不同，

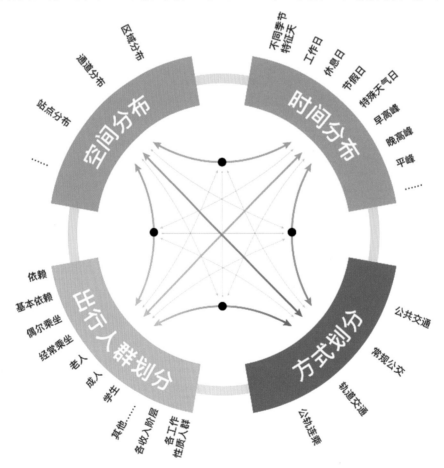

图 5.16　多层次交叉分析示意图

做相应的交叉分析。

①空间分类标准：区域、通道、站点三大基础分类，可进一步细分为无限多的分析区间。

②时间分类标准：早高峰、平峰、晚高峰三大基础分类，可进一步细分为无限多的分析时段。

③人群分类标准：依据 IC 数据识别可细分为依赖公共交通人群、基本依赖公共交通人群、经常乘坐公共交通人群、偶尔乘坐公共交通人群，老年人群、职业人群、学生人群等基础分类。

上述基本主题的交叉分析，让原本独立的信息实现关联，结合数学模型算法进而产生信息的爆炸式增长，无限挖掘大数据的潜在价值，甚至可由交通分析领域走向城市空间规划、大型开发商业模式定位、公共服务设施选址布局等。

以基于公共交通乘客的城市职住平衡分析为例，通过时间和空间交叉分析公共交通乘客的职住分布情况。具体通过早高峰时段公共交通乘客中工作人群的上车站点默认为乘客的居住地，晚高峰时段公共交通乘客中工作人群的上车地点默认为乘客的工作地，以此为据判断公共交通乘客的职住分布情况（见图 5.17、图 5.18）。

5.4　动态追踪"从过去看未来"

随着小汽车的普及和网约车等新型交通方式的出现，近年来很多特大、超大型城市公共交通出行分担率尤其是常规公交分担率开始呈现负增长，这给日益拥堵的城市交通带来了更多的挑战。为提升城市公共交通竞争力水平，提高公共交通分担率，促进城市交通可持续发展，需对公共交通客流变化尤其是客流减少的时空特征及乘客行为变化特征进行深入分析，为制订公共交通优先发展策略及运营优化措施提供决策支撑。具体以目标为导向将各静态交叉分析主题进行时间上的对比，探寻公共交通客流的发展趋势。本文以几个分析主题为例简单说明，抛砖引玉，仅供参考。

（1）客流变化的时间分布

以重庆为例，对比 2014—2016 年三年各特征天常规公交客流时间分布情况（见图 5.19），分析发现一天全时段均出现客流下降趋势，尤其是在高峰时段流失严重，常规公交面临较大的客流下行压力。

（2）客流变化的空间分布

以重庆为例，对比常规公交 2015—2016 年两年各特征天的客流区域分布情况（见图 5.20），重庆公交客流流失主要集中在核心区范围内。

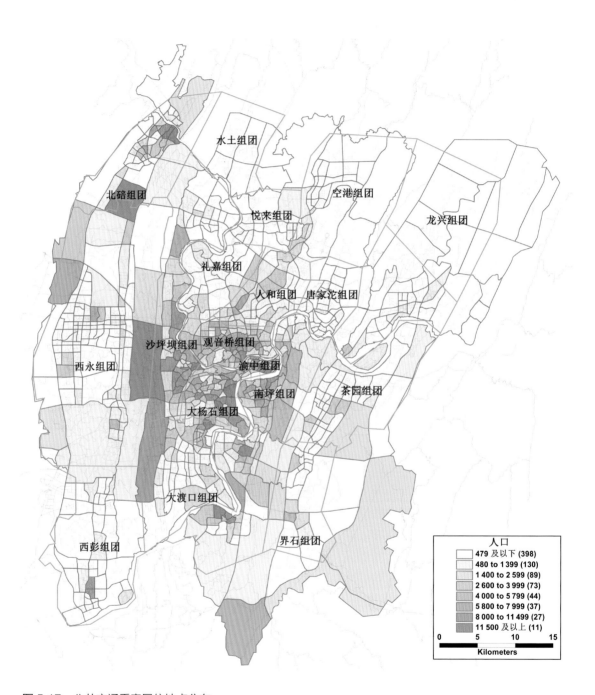

图 5.17　公共交通乘客居住地点分布

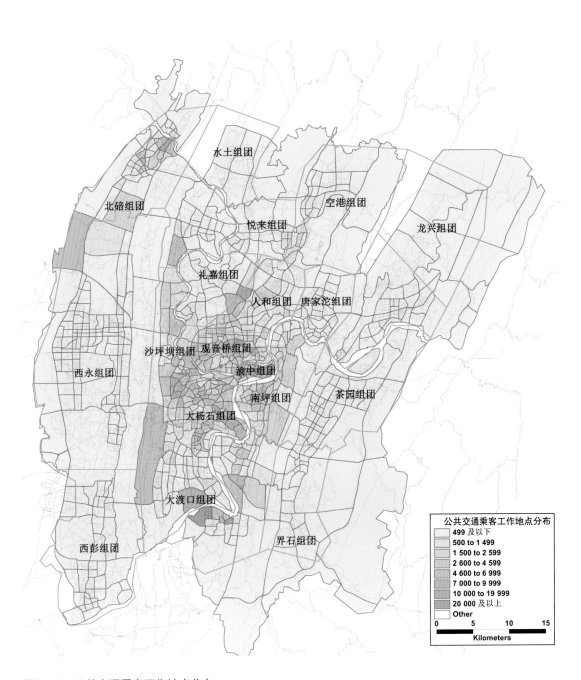

图 5.18　公共交通乘客工作地点分布

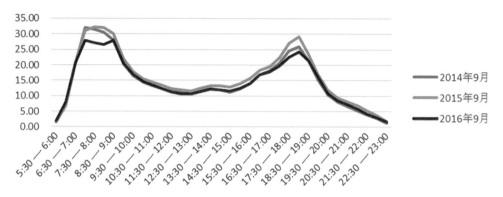

图 5.19　常规公交各时段客流量年度对比图

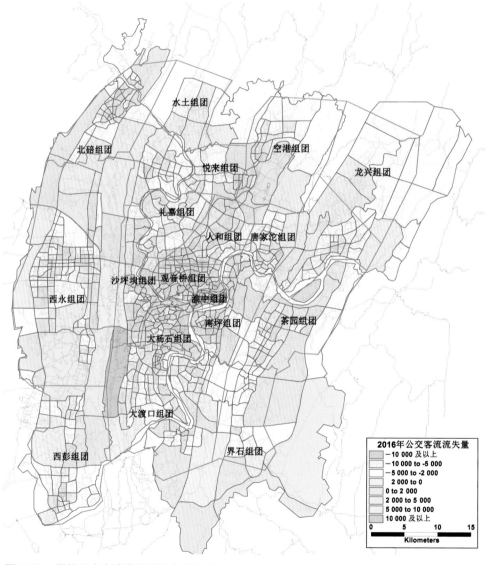

图 5.20　常规公交客流流失量热力分布图

（3）各类人群的出行需求变化

以重庆为例，对比 2015—2016 年两年各特征天的乘客构成变化情况（见图 5.21），发现乘客对轨道交通出行方式的依赖程度出现下降。

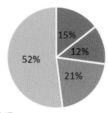

2015年数据
■ 周均10次以上（依赖）　■ 周均7~9次（基本依赖）
■ 周均4~6次（经常乘坐）■ 周均1~3次（偶尔乘坐）

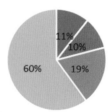

2016年数据
■ 周均10次以上（依赖）　■ 周均7~9次（基本依赖）
■ 周均4~6次（经常乘坐）■ 周均1~3次（偶尔乘坐）

图 5.21　轨道交通各类乘客数量比例年度变化对比图

第6章 山城、水城、绿城

2015 年 12 月召开的中央城市工作会议，明确提出城市要由外延扩张式向内涵提升式转变。一个内涵式发展的城市，首先应该是一个尊重"人"的城市，慢行交通是每一个交通参与者都会体验到的出行活动。

慢行交通中的慢是相对快而言的一种交通方式，指自行车和步行等以人力为空间移动动力的交通方式，山地城市由于地形复杂，因此慢行系统主要是指步行。根据慢行交通的特点，慢行交通是城市交通出行方式中不可或缺的一种，是其他交通出行方式的润滑剂和转换剂；它更是城市活动系统的重要组成部分，是实现人与人近距离交往、缓解城市紧张生活压力、展现城市精彩生活的重要载体，还能直接支持城市休闲购物、旅游观光、文化创意产业发展的提升，从而提高城市整体魅力。

6.1 步道规划

6.1.1 慢行交通主要理论基础

1）新城市主义

新城市主义是在美国城市大规模郊区化、传统城市中心衰落、城市环境污染与能源消耗激增、公共空间衰败的背景下提出的，目的是创建一个充满活力、多样性与社区感的以公共交通和步行为主导的城市。新城市主义规划思想有两个典型代表："传统邻里发展模式"（TND）和"公交主导发展模式"（TOD）[31]（见图 6.1）。

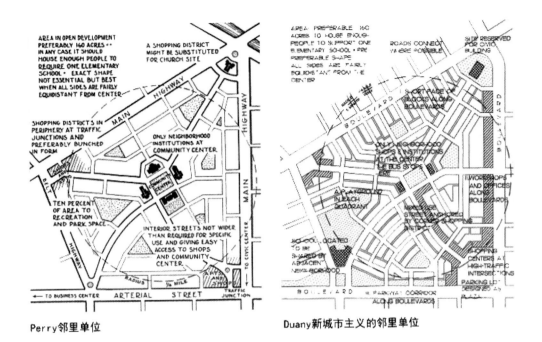

Perry邻里单位   Duany新城市主义的邻里单位

图6.1 新城市主义的邻里单位

2）交通稳静化

交通稳静化起源于 20 世纪 70 年代荷兰的生活庭院道路，该理念提出"居住区内街道应以行人和生活优先"的思想而不断引起关注，英国、德国、丹麦、瑞典等掀起了交通稳静化潮流。Seattle 和 Berkeley 作为美国交通稳静化的先驱城市，积累了丰富的交通稳静化实践经验[32]，其通过路拱、环形路口、减速带、渠化岛、行人安全岛等方式，达到控制汽车交通，降低车速、减少车流量、减少交通冲突、降低环境影响、实现合理分流、保持有秩序的道路空间的目的。

3）以行人、自行车为导向的城市发展模式

慢行交通意味着有活力的城市，提倡以行人为导向（Pedestrian Oriented Development，POD）、自行车为导向 (Bicycle Oriented Development，BOD) 的城市发展模式。城市规划应该以人为本，创造最适合步行、骑行的城市空间，以行人、自行车为导向进行城市设计；而非现在流行的以绿化景观为导向（Green Oriented Development，GOD）或者以小汽车为导向（Car Oriented Development，COD）的城市发展模式[33]。

4）以人为本、环保运动的兴起

一些欧美国家的大城市，在饱受机动化交通的困扰之后，居民出行开始向慢行回归，其背后隐藏着回归绿色、自然、健康生活理念的思潮。由于慢行交通以人的出行为衡量尺度，且几乎不消耗任何能源，对环境几乎没有破坏作用，因此，在能源供应日益趋紧、环保主义逐渐兴起的欧美，慢行交通开始逐步回归至市民日常出行中。

6.1.2 山地城市步行系统主要特征

步行作为人类最主要的出行方式之一，在山地城市中步行系统更是与交往生活紧密结合[34]。由于山地城市地形较为复杂，地面坡度较大，因而人们的出行方式以汽车和步行为主，且步行出行的比重更大，同时受到山水分割、地形高差等原因的限制，重庆步行系统呈现出以下主要特征：

（1）步行系统受地形制约明显

主城受两江四山分割，城市地形起伏较大，人行道、天桥、坡道、林荫道等步行道路样式较多，市民及游客出行爬坡上坎带来极为丰富的步行体验感。同时，由于受到传统的城市交通更加关注车行交通的影响，在特殊的地形条件或者路段，步行通道需要让位于机动车道，造成步道系统不完整、不连续。

（2）步行系统对自身的系统性要求更高

由于山地地形复杂、坡度大，造成非机动车交通很少或没有，除了步行只能选择机动车出行。在重庆市主城区，居民对于跨城区等相对较远距离的出行多采用机动交通出行，各城区内短距离交通步行出行所占比例较大。

山地城市起伏的地形决定了其城市功能设施分布于高低错落的地块中，连接各地块的步行道路蜿蜒、曲折，间接加大了步行距离，降低了市民步行的欲望[35]。此外，重庆夏天天气炎热，也进一步降低了市民步行的欲望。山地城市的各类功能设施分布于不同地形的地块中，在采取步行交通耗时耗力的情况下，市民会采取"步行＋机动车"出行的方式，这就需要步行系统与其他交通系统之间有良好的接驳。

（3）步行系统融入城市生活

由于山地步行系统方式的多变性，形成了丰富多变的城市交通空间，也形成了大量与生活娱乐、交往紧密相关的复合型空间。主城的商业步行街，实际上也是主要的商业、生活空间。"一条长长石板路就是一部步行生活的历史书"[36]，磁器口是这方面的典型代表，将交通空间融合了城市生活片段，成为山地城市步行系统一个重要的人文特点。

6.1.3 山地城市步行系统规划设计

按照"点、线、面"的设计思路，构建区域步行网络（见图6.2）。

①点：主要是重要的轨道站点、公交枢纽和人流密集的道路交叉口，是人流高度集聚的地区，也是步行设计的重点。

②线：重要的步行道路，尤其是步行节点之间的联系路径。依托城市小街区建设，利用支路和街巷系统，有机串联城市多种"吸引元"。

③面：按照片区主要用地属性，划分居住、办公、商业、旅游文化、休闲等区域，根据不同区域特征，制订不同的步行分区策略。

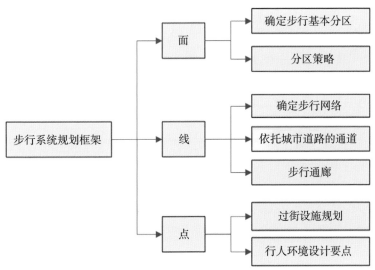

图 6.2　步行系统框架图

1）点

（1）做好重要节点规划

针对重要的交通节点，例如轨道交通站点、公交枢纽站点等人流密集地，制订详细的方案，确保人流动向顺畅。

（2）高起点规划交通基础设施

规范设计步行交通设施，引导行人按交通规则在步行路权范围里行走，可以从安全性角度规范步行者的交通行为。对交叉口过街设施类型、路段过街间距、路段过街设施类型、过街信号均给出规范化的设置标准，增加有利于步行安全的引导设施、稳静化措施、无障碍设施。针对平面过街增设隔离和安全措施，保证行人的安全；城市主要道路、残疾人集中场所的人行横道，需设过街信号装置，便于盲人安全通过。

2）线

（1）串联周边多种慢行系统

把步行廊道与城市绿道相结合，与景观绿地、公共空间共享步行空间，并通过特色化的设计彰显城市独特的资源禀赋。通过步行通廊的设计，提供城市日常休闲步行活动的场所，串联公园、景区、开敞空间、水系、历史文化遗存等资源，同时兼有交通功能，可与自行车交通共享。

（2）串联片区内多种"吸引元"

"吸引元"主要是指城市片区中学校、医院、公园广场、商业中心、文化古迹等客流集中且又能展示城市魅力特征的公共服务设施，通过步行廊道连通这些城市魅力空间，让城市魅力流通起来。

3）面

（1）明确步行分区

差别化的步行分区可以在步行系统规划设计中充分体现城市的特质。通过挖掘城市的特色资源，确定步行系统规划的特色目标，将城市特色资源有序分配到系统规划中，营造富有特色和魅力的城市步行系统。为了体现不同用地性质的步行空间差异，基于居民步行活动的距离特点，以 500~800 m 为半径，依托自然屏障和道路分割，划分步行单元。在步行单元内倡导短距离的步行出行，在步行单元外的中长距离出行倡导步行加公交换乘出行。

（2）打造步行空间

不同的步行空间，由于其在城市中承担的功能定位不同，因此必须结合服务对象的需求对步行空间界面、步行道宽度、道旁空间尺度等方面加以控制和设计。

6.2　山地城市绿道规划

根据环保部门多年监测，机动车排污是当前重庆城区空气污染的主要来源之一，大气污染随着汽车保有量的增加而增加，有害物质如 CO、NO_x 等也随之增加。2016 年 11 月，交通运输部李小鹏部长率领中国政府代表团出席了联合国首届全球可持续交通大会，指出我国将坚持创新、协调、绿色、开放、共享五大发展理念，全面落实《中国落实 2030 年可持续发展议程国别方案》交通运输领域各项目标，推动交通运输实现更安全、更经济、更便捷和可持续发展。改善城市环境、提升人民生活福祉是全社会的责任，在城市交通建设领域，推行可持续城市交通，已经刻不容缓。降低交通对能源的消耗，减少温室气体排放，发展可持续城市交通，是必须也是唯一可行的解决方案。

绿道网络规划是可持续交通发展的积极尝试。绿道规划并不是综合性的景观规划，而是关注在大片景观基质中构建线型网络空间的专项规划[37]，绿道包含了生态功能、休闲游憩功能、经济发展功能、社会文化和美学功能。广义上讲，"绿道"是指用来连接各种线性开敞空间的总称，包括从社区自行车道到引导野生动物进行季节性迁移的栖息地走廊，从城市滨水带到远离城市的溪岸树荫游步道等。但是，"绿道"内涵很广，它在不同的环境和条件下会有不同的含义，因此对这一概念的定义总会有一定的局限性。在中国，绿道的定义也是随着实际需求的变化而改变的，这也是绿道在中国发展中呈现出的一个特点[38]。根据珠三角绿道建设经验，2011 年广州市绿道建设提出三级网络概念：即省绿道、城市绿道和社区绿道，并将绿道延伸至社区内部，在营造良好景观环境的同时，更好地为居民提供出行便利。这就意味着绿道系统开始承担起改善居民出行环境、支持步行和自行车交通的功能，这些经验也为后来其他城市的绿道建设提供了借鉴。绿道建设开始更多地考虑使用者的便捷性，越来越多的城市在市区内部设置城市绿道。随着绿道系统的投入使用，绿道在城市中的功能也从原来的单纯景观功能向交通功能转变。城市绿道主要连接城市里的公园、广场、游憩空间和风景名胜，建设难度相对省（郊野）绿道小，它可以充分利用现有的公园绿地等设施，穿针引线、见效快、分布广的特点，利于建设、推广。绿道的实质是通过提供多种联系促成多类别的活动，满足具体的、不同种类使用者的需求。结合中国目前绿道建设来看，在规划建设绿道时，应不拘泥于绿道的形式，而注重绿道的实际功能和用途，能够弹性地适应政府的需求和公众的需求。

重庆位于中国西部，大多以山地丘陵为主，因而形成了"一山一岭""一山一槽二岭"的山城风貌；重庆境内河流水网密布、水系较为发达；属于亚热带温润季风气候、年平均气温常在 17~18.8 ℃。由于山地城市特殊的地形、水体和气候条件，其自然开放的空间被陡崖、河流、冲沟等分割，并决定了城市开放空间的基本形态，线形开敞空间比重大，随山就势，表现为一种灵活自由的分形特征。

山地城市绿廊规划是山地城市中一种线性的开敞空间系统，其中"山地城市"强调其所处空间环境的复杂性和立体性，"绿廊"强调低碳可持续的慢行生态廊道。绿廊简单来说就是绿色植物覆盖的通行廊道，带状的城市公园绿地、河流廊道、具有生态功能的道路廊道都可以作为绿色通廊，可结合旧城改造、公园绿地和文物古迹等建设[39]。它将山水绿化带入城市中，提供"显山露水"的视觉通廊，同时拥有完善的配套设施，是人们休闲的公共开敞空间。

以往研究表明，绿色通廊、山城步道、冲沟视廊[39]这些山地特色空间本质上是一致的。绿廊强调其自然资源与城市景观生态协调功能，山城步道强调以人为主体的出行、通勤功能，冲沟视廊往往是从地形的角度来考虑用地布局的关系，强调对现有要素的保护。广义上讲，这些山地城市的特色空间都可以概括为山地城市绿道，包含在绿道的概念中。目前国内普遍认为的典型成功案例主要集中在平原且经济相对发达的东部沿海城市，并没有一个典型的、针对山地城市的成功案例。山地城市绿廊规划着力在山地城市绿地资源、水体资源、城市建筑文化资源整合的尝试，尊重既有绿道规划技术体系成果，结合山地城市本底特征，探索山地城市绿廊规划方法。

6.2.1　山地城市绿道规划设计关键问题及对策

山地城市地形复杂多维，城市内部往往会形成不规则形状、垂直梯度变化较大、形状各异的自然斑块，以及如山脉、河流水系、冲沟谷地等多样丰富的廊道景观。由于特殊的地形条件，可直接利用的建设用地资源有限；同时，山地城市"爬坡上坎"的街道和小巷以及人们在这些空间里的活动，一直是山地城市地域特点和活力所在，也是绿道规划关注的主要问题，需要制订针对性解决对策（见图 6.3）。

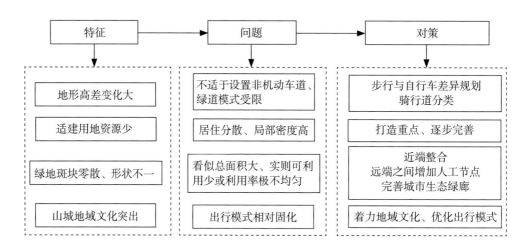

图 6.3　山地城市本底特征、关键问题和规划对策的关系

1）关键问题

①不适于设置非机动车道系统，居住分散、人口密度分布不均。

②山地城市开敞空间之间一般缺乏便捷连贯的路径联系，人们一般多局限在邻近的一些开敞空间内活动，尤其是周边的自然开敞空间。虽然资源相对丰富，但由于与城市内社区距离较远，缺乏便捷连贯的路径联系，致使这些开敞空间的使用效率极低。

③在山地城市通常有一个明显的特点，就是对于当地居民而言，可能会利用一些街巷空间的步行捷径到达目的地；这些空间往往是背街、小巷，入口不明确，再加上没有路牌的指示，对绝大多数的外来人群而言，他们通常会选择沿宽敞的道路绕行到目的地，却无法辨识和享用这些步行空间。

2）规划对策

①步行与自行车系统差异规划、骑行道分类：仅在地形条件允许的情况下适当设置自行车系统或趣味挑战性骑行道，步行与自行车系统分开考虑，重点解决步行连续性及慢行系统的整合。

②打造重点、逐步完善，着力地域文化、优化出行模式：山地城市居民爬坡上坎，对交通空间的安全和舒适性要求更高，要充分考虑步行空间尺度及竖向组合，采用生态型设施，来有效地引导和管理步行交通。同时，在重要节点应当加强对行人步道的指示，增加透明度，强调步行的可达性和连通性，适应多元化的城市生活需求。

③对距离较近、可利用的开敞空间之间构建便捷连贯的路径联系，整合零散小块的城市开敞空间；距离较远的城市开敞空间之间建议增加人工节点，提高整条线路的完整性和多样性。

6.2.2 城市绿廊规划原则

①与城市规划、建设、管理水平提升相结合。按照高起点规划、高标准建设和高效能管理的要求，统筹指导绿廊规划和建设；在城市规划中引入绿廊理念，将绿地绿廊与绿色出行、体育休闲、生态文化紧密结合起来，优化提升城市规划建设水平。

②与生态保护、污染治理、交通建设相结合。依托现有的山体、水系、绿地和道路，将绿廊建设与基本生态控制线保护、水环境综合治理以及森林公园、郊野公园、市政公园和社区公园等的建设结合起来，因地制宜打造形式多样、功能各异的绿廊，展现不同的目标和主题，体现多样性。同时，建立绿廊与公共交通网的有机衔接，完善换乘系统，形成便捷通达的绿廊体系。

③与绿色建筑、节能环保、资源利用相结合。尽量结合现有的滨水路径、林荫大道和道路两侧等设施进行布局，充分利用现有的登山道、公园园道、森林防火道等设施，避免大填大挖及人工化痕迹过重的建设。优先采用性价比优良、反映健康绿色生活的新技术、新材料和新设备，大力推广绿色建材、节能环保材料和可再生能源的使用，使绿廊建设体现资源节约、环境友好、循环经济的理念和特色。

④与提升文化、体育运动、休闲娱乐相结合。充分挖掘和突出地方特色和人文内涵，强化历史文化遗迹的有效保护，注重植被类型、铺装材料、功能策划、游憩空间组织等方面的特色。尤其要充分发掘新区资源，保留、提升现有的特色和生态环境，丰富绿廊内涵。同时，充分发动市民，引导广大市民利用绿廊系统进行体育锻炼、休闲娱乐和竞技比赛。

6.2.3 基于山地城市本底要素分析和出行需求调查问卷的城市绿廊规划方法

研究总结不同规划层面及不同功能的绿道和绿道网络的规划方法，从中可以学习借鉴绿道网络构建的方法。一般说来绿道网络体系的规划设计流程基本包括 4 个阶段[40]：现状要素调查、绿道建设要素评估、绿道网的详细布局、相关设施详细设计。其中，建设要素的评估意见相对定性并带有主观判断，主要来源是公众、专家、规划师、政府和投资者。在具体评估过程中，通常运用到 GIS 等地理空间分析软件，借助计算机和 GIS 软件平台，把抽象的、概念性的影响用图块快速、直观地反映出来，帮助决策者清晰地分析出影响土地适宜性各准则内部的影响关系和各准则之间的影响关系。

除了对绿道规划的基底特征进行分析之外，还要注重对使用主体需求的分析。在绿道规划之初，需要以人的使用为出发点进行研究，即以人口密集的点为"源"，确定在人能接受的时间和距离范围内能到达的范围。城市绿道规划串联的重要节点之一便是城市居民集中的居住社区或大型公共设施，因此，对出行主体意向及使用需求的调查显得尤为重要，也是城市绿廊规划不可忽视的重要方面（见图 6.4）。

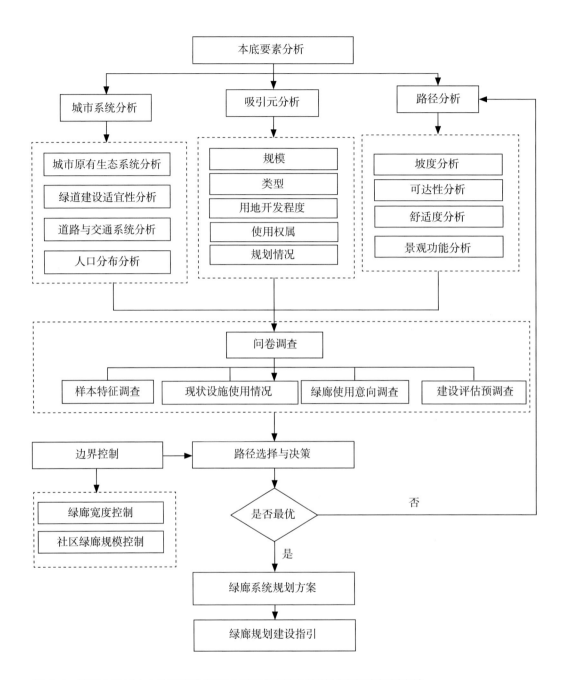

图 6.4　基于山地城市本底要素分析和出行需求调查问卷的城市绿廊规划方法

1）山地城市本底要素分析

（1）城市原有生态系统特征分析

城市原有的园林生态系统本身就是一个多样性的生态系统，因此，要以原有的生态系统为基础规划绿廊，将单个公园的建设依托一些线性要素（城市河流、文化线路、道路系统等）进行更新与设计。要考虑原有景观节点的发展需求，进行有机串联，使各个景观节点的生态效益、休闲效益或历史文化效益得到更好的发挥。

（2）城市建成区绿廊建设适宜性分析

绿廊系统概括来说是一个功能各异，有侧重点且又互相影响的整体。在建设绿廊时，首先就要深度整合城市资源，加强与城市的互通交流。通过分析城市的历史人文、自然、土地、交通等，叠加各个权重因子，扩大绿廊的综合效益。在对 Conines A,Xiang W N 等人总结的绿廊规划方法进行研究的基础上，经过对个别数据进行变形，得出了相对可适用的绿廊建设区域适宜性分析表，以此作为判断某一区域是否适合绿廊规划建设（见表 6.1）。

表 6.1　通过因子判断绿廊可行性 / 适宜性的位置[41]

因　子	可行性 / 适宜性评分及程度说明					因子权重值
	0	0.25	0.5	0.75	1.0	
区域大小（hm²）	0 ~ 178	178 ~ 745（规划面积约 650）	745 ~ 809	809 ~ 2 598	2 598 ~ 5 383	0.08
区域适宜度	不适宜修建小径		一般适宜修建小径	区域内较适合规划小径	适宜修建小径	0.11
土地未来规划	农业发展用地		居住区用地	区域内主要以小区为主	工业 / 经济发展用地	0.19
洪灾频率	20 年内无洪灾发生				20 年内有洪灾发生	0.29
使用权归属	企业使用				市政使用权归市政所有	0.12
目前区域发展状况	完全发展		区域虽为建成区，但是并不发达，很多地方未利用		未发展	0.13
管网布置程度	无管网布置				良好管网布置	0.08

注：此表适合于建成区绿廊规划区域的选取。

（3）城市道路交通与公共交通系统分析

利用重庆市主城区公共交通模型，对城市建成区内公交站点及轨道站点现状及规划客流进行分析，提取现状上下客人流量 ≥ 1 000 per/h 的公交站点及轨道站点，对地面常规公交、轨道交通、步行接驳进行评估，对轨道站点 2 000 m[40] 范围内步行系统接驳情况进行评估。同时，梳理现状道路断面形式及规划控制红线，明确道路交通系统竖向和横断面基本情况。

2）出行需求问卷调查

出行需求问卷调查的目的在于调查并掌握服务主体的需求，调查内容大致可分为确定需求主体和明确需求意向两个部分，对于需求意向的调查又可结合项目需要进一步细分为若干子项（见表 6.2）：

①确定需求主体：包括该地区的主要居住区、商业区、游憩设施、工作场所。

②明确需求意向：民众对吸引元可达性需求、吸引元之间串联需求、廊道可达性需求、公共交通与慢行系统接驳需求等。

表 6.2　调查问卷内容设计

调查分类	调查目的	问卷内容
样本特征调查	辨别使用者自身特性	被调查者年龄层次
		工作状态（上班族、学生、退休等）
		工作和居住地点
现状设施使用情况	分析吸引元对居民的吸引力；居民对周边公园或广场的使用情况；居民对吸引元设施满意情况；到吸引元的出行方式；对非机动化出行环境的满意度	居民对公园或公园步道使用情况
		能够接受的最长步行距离或换乘交通方式的时间
		居民对吸引元内部步行道或自行车道的满意程度
		上班族平日的主要出行方式
		现状人行道或者自行车道使用满意度
		公交站点周边的步行出行环境满意度
意向性调查	居民对绿廊的接受程度；关注重点	居民对新建绿廊的接受程度
		居民对新建绿廊配套设施的需求
		吸引力较大的公园步行道、广场、大型公用设施
建设评估	绿廊建成后的使用对比	建成后是否会改变平日出行方式
		建成后周末是否会尝试使用绿廊
		使用频率的增加

3）路径选择与决策

①根据需求对潜在的连接廊道进行分析，这些连接廊道有人工廊道，如交通道路、人工水体、人工的市政设施等，也有自然生态廊道，如自然河流水体、山脉等。

②对潜在廊道的连续度进行评估，主要分析其适宜性与可达性。

③确定廊道网络，在需求和连结度分析的基础上确定若干条可能建设的廊道。

④评估，对几种可能的廊道在充分征求相关利益主体意见的基础上进行可辩护[41]的规划决策，就方案征求需求主体的意见并最终决策。

第 3 篇

献给城市的礼物

第 7 章 公交都市

7.1 重庆市主城区轨道交通规划与建设

7.1.1 重庆主城区轨道交通规划历程

1）1946 年《陪都十年建设计划草案》

《陪都十年建设计划草案》是重庆历史上第一次对城市建设作出的全面规划，提出了"以交通、卫生及平民福利为目标，务使国计民生同时兼顾"的规划原则，对交通规划明确指出要完成交通系统、发展交通工具、建立港埠设备、建设 4 座两江大桥等。《陪都十年建设计划草案》第一次提出了轨道交通的概念，当时规划名称为"高速电车"（见图 7.1）。计划有"甲线"龙门浩—磁器口（与目前的轨道交通 1 号线基本一致），长 14.75 km，设龙门浩、小什字、较场口、七星岗、两路口、李子坝、小龙坎、沙坪坝、磁器口 9 个车站；"乙线"龙门浩—南温泉，长 19.49 km，设龙门浩、烟雨路、大坪溪、二塘、董家湾、刘家湾、南温泉 7 个车站；"丙线"龙门浩—大田坎，长 6.9 km，设龙门浩、石坎、大田坎 3 个车站。计划理由有 5 点，包括满足当时主流交通方向的客运需求；紧急疏散人口至郊区；疏散半岛中心区人口，合理分布人口等。利用轨道交通诱导半岛地区人口向郊区进行合理转移，是交通引导城市发展思想的首次直接体现。

2）1949—1998 年城市轨道交通线网规划

新中国成立以后，重庆历次城市总体规划和综合交通规划均对轨道交通进行了规划。1960 年总体规划首次提出"直通与环状"的"地下快速铁道线网布局"（见图 7.2），以市中区为核心，将新牌坊、小龙坎、杨家坪、石桥铺、两路口等地区串联起来，总长约 100 km。

1983 年城市总体规划规划一条"地下铁道"，由朝天门至杨家

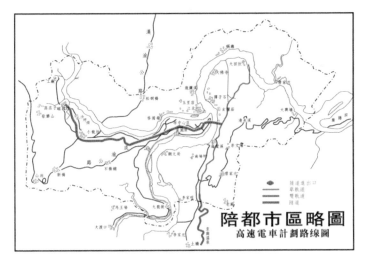

图 7.1　《陪都十年建设计划草案》高速电车规划示意图

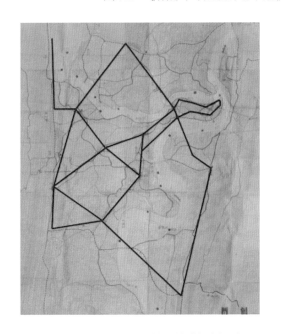

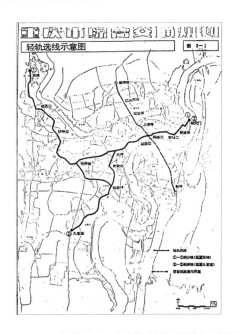

图 7.2　1960 年总体规划地下铁道规划示意图　　图 7.3　1991 年综合交通规划轻轨线网规划示意图

坪，沿途经过较场口、菜园坝、两路口、鹅岭、大坪、谢家湾，全长 12.2 km。现状的轨道交通 2 号线走向与这条线路基本一致。该规划提出，菜园坝火车站改建后，由梨树湾经沙坪坝至菜园坝的铁路联络线开行城市列车，发挥轨道交通功能，这是铁路客运城市公交化的第一次出现。

　　1991 年综合交通规划中规划了 4 条轨道线路（见图 7.3）。朝沙线为朝天门—较场口—七星岗—两路口—大坪—石桥铺—沙坪坝（远期延伸至双碑）；朝新线为朝天门—较场口—七星岗—两路口—大坪—杨家坪—马王场—新山村（远期延伸至九宫庙）；新牌坊—南坪空客线（适时延伸至四公里）；杨家坪—石桥铺连网线。线网总长约 55 km。目前的轨道交通 1、2、3 号线走向与其基本一致。该规划基本确定了目前轨道线网的骨架雏形。

1998 年总体规划的轨道交通线网在 1991 年综合交通规划基础上，保留了朝沙线，调整了朝新线半岛地区走向，将新牌坊—南坪线北向延伸至江北机场，将杨家坪—石桥铺连网线东向延伸至四公里，增加五号线由童家院子—冉家坝—高家花园大桥—杨公桥—上桥—中梁山。轨道线路总长 119 km，线网密度 0.36 km/km^2。

3）2007 版城市轨道交通线网规划

直辖之后的十年内，重庆城镇化水平快速提高，经济增长迅速。主城区作为市域社会经济发展的核心地位不断强化，2005 年实际常住城镇人口约 540 万人，超过 1998 年版总体规划 2010 年的人口规模。城市建设也大大超越预期的发展速度，1994—2005 年主城区的实际城市建设面积由 175.8 km^2 拓展到 363.6 km^2，远超 1998 年版总规确定的 2010 年的建设规模。随着人口和用地规模的大幅度增长，单纯依靠道路网建设已无法满足城市的交通需求，如不采取有效的措施来抑制个体交通的使用，必将导致城市交通的全面恶化，而解决问题的关键在于完善轨道交通系统，构建以大运量快速轨道交通为骨干的公共客运交通系统。

2007 年版总体规划继承了 1998 年版总体规划轨道线网结构，提出坚持优先发展以轨道交通为骨干的公共交通客运系统、以轨道交通发展引导和带动城市发展、重视与其他公交方式有机衔接、坚持近期建设规划与远期发展规划相结合等原则，通过对城市拓展方向、用地布局形态分析以及交通流量的预测，规划确定主城区轨道基本线网总长约 364 km，呈"一环六线"布局形态（见图 7.4）；并结合城市远景用地拓展情况，在"一环六线"基本线网基础上新增轨道交通 7、8、9 共 3 条轨道线，形成"一环九线"的远景规划轨道线网布局形态（见图 7.5），远景轨道线网总长 513 km，共设 44 座换乘站，轨道交通线网密度 0.65 km/km^2。

"一环六线"的基本线网由环线和 6 条放射线组成。环线：四公里—上桥—三角碑—冉家坝—重庆北站—五里店—弹子石—四公里，长约 45 km。1 号线：朝天门—大坪—三角碑—双碑—西永（远期可延至璧山），长约 38 km。2 号线：较场口—大坪—杨家坪—大堰村—新山村—渔洞，以及新山村—中梁山支线，长约 37 km。3 号线：鱼洞—李家沱—二塘—南坪—两路口—观音桥—新牌坊—重庆北站—福特汽车城—两路—机场，以及机场—空港开发区，长约 63 km。4 号线：复盛—鱼嘴—唐家沱—寸滩—重庆北站—海峡路，长约 47 km。5 号线：鸳鸯—冉家坝—松树桥—石桥铺—中梁山—西彭（远期可延至江津），长约 62 km。6 号线：长生—上新街—江北城—五里店—松树桥—冉家坝—蔡家—北碚，以及蔡家—渝北南山支线，长约 71 km。

远期结合用地拓展情况，在西部片区规划贯穿南北的轨道交通 7 号线，线路走向为：陶家—石板—白市驿—含谷—金凤—曾家—大学城—青木关—凤凰—歇马—北碚，线路全长约 56 km。在东部片区规划贯穿南北的轨道交通 8 号线，线路走向为：

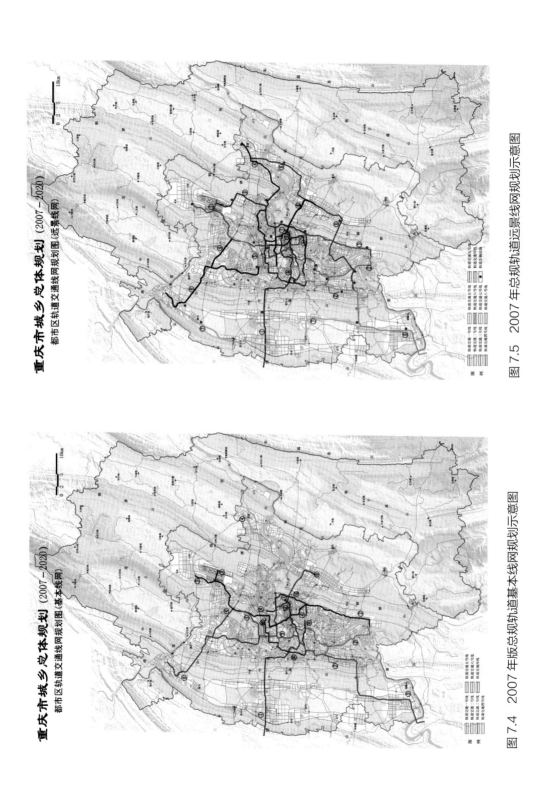

图 7.5　2007 年总规轨道远景线网规划示意图

图 7.4　2007 年版总规轨道基本线网规划示意图

跳蹬—建胜—白居寺大桥—李家沱—鹿角—茶园—广阳—鱼嘴，线路全长约 54 km。为了加强内环以内城市副中心之间的联系，切实增大北部片区线网密度，同时考虑到机场和两路组团远景发展的需求，规划增设 9 号线，由沙坪坝经嘉华大桥、观音桥、江北城，然后与环线共同使用朝天门大桥的轨道通道，经弹子石、黄桷沱大桥、唐家沱，远景至江北国际机场，线路全长约 39 km。

4) 2011 版总规修编中的轨道线网规划

"314"战略部署的提出进一步提升了重庆市国家中心城市地位，作为国家门户、西部龙头和城乡统筹发展、城市可持续发展的示范城市，对城市轨道交通系统提出了更高的要求。城市用地范围和人口规模不断扩大，主城区规划城市用地面积由 835 km^2 扩大到 1 188 km^2，城市人口由 900 万人增加至 1 200 万人，新增龙兴组团、界石组团、木耳组团、水土组团，新的城市空间结构和用地布局特征需要轨道线网调整结构去适应和引导城市的发展。铁路新客站、西永综合保税区、两路寸滩保税港区、重庆会议展览馆等一系列重要基础设施的建设和两江新区的设立，均要求轨道交通重新调整功能定位及布局结构来适应。此外，为了解决长大线路带来的运营时间长、客流不均衡、环线线路较长但换乘点少等问题，需对原有轨道线网进行优化。

2011 年总规修编基于重庆的城市空间形态、社会经济地位、自然地理条件，客运需求发展等多方面的特点、要求和限制，提出了轨道线网规模要适应城市发展的需要、实现基本网络效益、定性与定量分析相结合、符合经济性的原则，通过构建双中心放射形线网结构形态、加密中心区线网密度、构建站间距大且速度快的轨道快线、优化整合支线、增加线路换乘点等方式，构建"八线一环"的基础轨道线网；远景在北碚、西永、西彭、界石、龙盛、水土、蔡家、礼嘉、茶园、大渡口等区域规划预留轨道线路走廊和站场设施，形成主城区"十七线一环"的交通线网格局。另提出规划至 2020 年，形成"八线一环"共计 9 条、总长约 478 km 的基本轨道线网，实现约 850 万人次 / 日的运送能力。

基本轨道线网线路包括 1、2、3、4、5、6、9、10 号线和环线共 9 条线路（见图 7.6）。其中，1 号线由朝天门经两路口、沙坪坝、西永至璧山；2 号线由解放碑经大坪、杨家坪、大渡口至鱼洞；3 号线由鱼洞经七公里、四公里、两路口、观音桥、重庆北站、两路、机场至木耳；4 号线由新牌坊经重庆北站、唐家沱、鱼嘴至龙兴；5 号线由西彭经陶家、跳蹬、上桥、歇台子、冉家坝至悦来及跳蹬至歇台子支线，预留延伸至江津；6 号线由茶园经解放碑、红旗河沟、蔡家至北碚，以及礼嘉至水土段支线；9 号线由沙坪坝经化龙桥、观音桥、江北城、回兴至两路；10 号线由海峡路经人民广场、重庆北站、江北机场至重庆国际博览中心；环线由重庆西站经沙坪坝、冉家坝、重庆北站、弹子石、海峡路、陈家坪至重庆西站。

在基本轨道线网基础上，增加 7、8、11、12、13、14、15、16、17 号线，形成"十七线一环"、总长 820 km 的远景轨道线网，共设 84 个换乘站点（见图 7.7）。其中，7 号线是城市西部片区南北向轨道补充线，沟通北碚、西永、九龙工业园，支撑城市

图 7.6 2011 年总规修编基础轨道线网规划示意图

西部地区发展；8 号线是城市东部片区南北向轨道线，沟通龙兴和茶园，支撑城市东部地区发展，承担南—东北客运走廊；11 号线是中南部片区东侧轨道补充线，沟通弹子石、唐家沱和石坪，分解中心区交通压力；12 号线沟通鹿角、李家沱、大渡口和白市驿，进一步加密内环以内轨道交通覆盖率；13 号线是北部东西向轨道骨干线，沟通大学城、西永和会展中心，串联北部片区重要公共建筑设施；14 号线是北部片区轨道补充线，沟通水土、空港新城和北部新区，加强新增组团与北部新中心的联系；15 号线沟通双碑、西永、北部新区和龙兴，实现西永片区与北部新区之间的东西向快速联系；16 号线是两江新区新增轨道线，加强蔡家及水土之间的快速联系；17 号线是西部槽谷补充轨道线，加强西永副中心、台商工业园、江津卫星城之间的轨道联系。

线 路		长度/km	换乘站数量	线网布局图
基本线网	环线	49	33	
	1 号线	44	11	
	2 号线	38	11	
	3 号线	64	16	
	4 号线	52	15	
	5 号线	71	17	
	5 号线支线	22		
	6 号线	87	18	
	9 号线	36	13	
	10 号线	28	9	
远景线网	7 号线	58	8	
	8 号线	51	7	
	11 号线	15	4	
	12 号线	27	8	
	13 号线	39	6	
	14 号线	39	6	
	15 号线	44	11	
	16 号线	15	3	
	17 号线	41	6	
合计		820	84	

图 7.7　2011 年版总规修编轨道线路情况图表

从《陪都十年建设计划草案》提出建设"高速电车"到 2005 年轨道交通 2 号线正式运营，重庆轨道交通从规划到建设历经了 60 年时间，期间历次轨道交通线网规划布局基本上是一个循序渐进的过程。2007 年总规开始，重庆主城区骨架轨道线网布局逐渐成形，提出构建"六线一环"的基本线网格局和"九线一环"的轨道交通远景线网。2011 年总规修编在 2007 版总规的基础上，根据城市职能和城市规模的变化完善主城区轨道骨干线网布局，提出构建"八线一环"的基础轨道线网；规划预留远景轨道线路，形成主城区"十七线一环"的交通线网格局。从主城区轨道交通规划历程可以看出，主城区轨道线网规划均为中心向外放射形线网结构形态，随着城市职能、城市空间结构及用地布局的调整，线网规模不断扩大，线路不断向外延伸。

7.1.2 直辖期间轨道交通建设实践

按照《重庆市城市快速轨道交通建设规划（2004—2012年）》（第一轮《建设规划》），主城区陆续建成并通车运营的有轨道交通 2 号线、3 号线、1 号线、6 号线共 4 条轨道线路，总里程 213 km，日均客流量达 200 万人次。线网覆盖重庆主城九区，运营里程长度位居中西部第 1 位，全国第 6 位（不含港澳台），仅次于北京、上海、广州、深圳、南京 5 座城市。全网共开通 125 个轨道站点，其中 8 个换乘站点，分别为较场口、两路口、大坪、牛角沱、红旗河沟、小什字、礼嘉及鱼洞。

1）2 号线

2 号线是重庆市的第一条轨道交通线，也是中国西部地区第一条轨道交通线，同时也是国内第一条采用跨座式高架单轨的轨道线路。1999 年 6 月，轨道交通 2 号线试验段动工，12 月正式全面开工。经过 5 年的建设，2 号线一期（大坪—动物园段）于 2004 年 12 月开始试运行，2005 年 6 月开始正式运行，运营里程约 14.4 km。2006 年 7 月，2 号线二期正式运营。2014 年 12 月，2 号线（新山村—鱼洞段）投入运营标志着该线路的全线贯通。2 号线全长 31 km，设 18 座车站，起于渝中区较场口，止于巴南区鱼洞，跨越了渝中区、九龙坡区、大渡口区、巴南区 4 个行政区，支撑了城市向南部拓展，加强了解放碑、杨家坪副中心、大渡口副中心、鱼洞组团之间的轨道联系，使重庆市城市公共交通服务水平上升了一个台阶，同时也极大地带动了轨道沿线地区的土地开发和城市建设。

2015 年，轨道交通 2 号线的日均客流量已达 25.6 万人次（见图 7.8），同比增长 14.8%；袁家岗至大坪区间段，高峰小时断面客流 2.0 万人次，同比增长 22.5%。

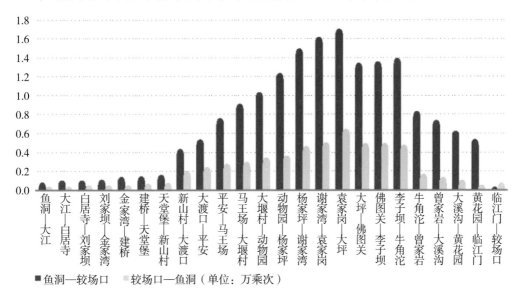

图 7.8 2015 年轨道交通 2 号线早高峰断面客流图

2）1号线

2007年6月，1号线开工建设。2011年3月，1号线一期（朝天门—沙坪坝段）全线试运行。2012年6月，1号线二期（沙坪坝—大学城段）全线贯通。2014年6月，尖顶坡至璧山段开工建设，全长5.6 km。1号线运营里程38.7 km，设24座车站，采用地铁系统，自东向西横贯重庆都市中心区，东起朝天门，经过九龙坡区、沙坪坝区至大学城，覆盖了城市南部东西向重要的客流走廊，加强了解放碑、两路口、大坪、石桥铺、沙坪坝、西永之间的轨道联系，改善了中心区交通拥堵问题，推动了城市向西拓展。1号线西延伸段（尖顶坡—璧山段）全长5.6 km，沿线设3个站点（不含尖顶坡站），预计将于2019年投入运行。

2015年，轨道交通1号线日均客运量48.5万人次（见图7.9），同比增长18.1%；鹅岭至两路口区段，高峰小时最大断面客流2.83万人次，同比增长23%。

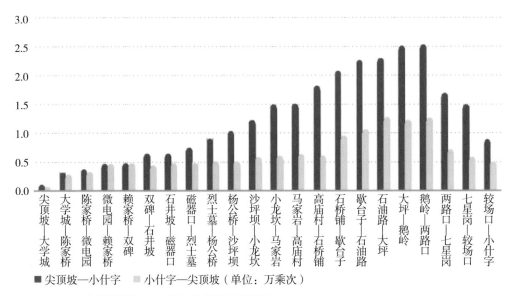

图7.9　2015年轨道交通1号线早高峰断面客流图

3）3号线

2007年4月，3号线开工建设；2011年9月，3号线两路口至鸳鸯段开通试运营；2012年12月，南延伸段开通运营；2013年2月，龙头寺站的开通标志着3号线全线贯通。3号线运营里程55.5 km，设39座车站，是重庆轨道交通线网中最繁忙的线路，南起巴南区鱼洞，北至渝北区江北国际机场，连接主城巴南区、南岸区、渝中区、江北区、渝北区，途径南坪、菜园坝、红旗河沟、龙头寺汽车站、重庆站、重庆北站、重庆江北国际机场等重要交通枢纽，为重庆南北方向的交通主动脉，是缓解城市交通拥堵的重要轨道线，也是世界上最长的跨座式单轨交通线路。3号线北延伸段（空港线）全长约11 km，设有双凤桥站、空港广场站、高堡湖站、观月路站、莲花站、举人坝站等6座车站，主要覆盖重庆江北国际机场以北的空港地区，

第 7 章 公交都市

是轨道交通 3 号线的一段支线线路，2013 年开工建设，于 2016 年 12 月 28 日开通运行。

2015 年，轨道交通 3 号线的日均客流量已达 69.8 万人次（见图 7.10），同比增长 11.2%；牛角沱至华新街区间段，高峰小时最大断面客流 3.3 万人次，同比增长 7.7%。

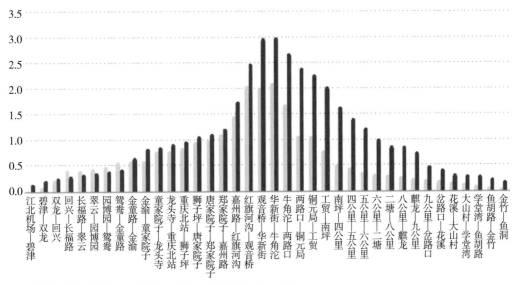

■ 江北机场—鱼洞   ■ 鱼洞—江北机场（单位：万乘次）

图 7.10　2015 年轨道交通 3 号线早高峰断面客流图

4）6 号线

2009 年，6 号线一期工程（上新街—礼嘉段）全面动工建设。2012 年 9 月，6 号线一期工程五里店至康庄段开通试运营。2012 年 12 月，康庄至礼嘉段开通试运营。2013 年 5 月，6 号线支线一期（礼嘉—悦来段）开通载客试运营。2013 年 12 月，礼嘉至北碚区段开通载客试运营。2014 年 12 月，6 号线茶园至五里店（不含）区段正式投入运营。6 号线正线起于南岸区茶园，止于北碚区，是联系主城西北—东南方向的轨道骨干线，贯穿了南岸区、渝中区、江北区、渝北区、北碚区 5 个行政区，加强弹子石、解放碑、江北城三大 CBD，以及未来的行政中心和大竹林、礼嘉、蔡家组团的轨道联系，使北碚真正融入主城核心区，运营里程约 64 km，设 28 座车站。6 号线支线（礼嘉—悦来段）运营里程约 12 km，设 5 座车站。

2015 年，6 号线（含支线）日均客运量 29.3 万人次（见图 7.11），同比增长 91.5%。红旗河沟至花卉园区间段，高峰小时最大断面客流 1.6 万人次，同比增长 8.7%。

71

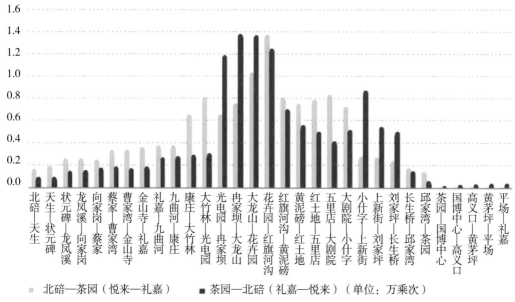

图 7.11　2015 年轨道交通 6 号线早高峰断面客流图

北碚—茶园（悦来—礼嘉）　　■ 茶园—北碚（礼嘉—悦来）（单位：万乘次）

7.1.3　轨道交通建设计划

根据《重庆市城市轨道交通近期建设规划（2012—2020 年）》（第二轮《建设规划》）和《重庆市城市基础设施建设"十三五"规划》，至 2020 年，4 号线一期、5 号线一期、6 号线支线二期、9 号线、10 号线一期、二期和环线，形成"八线一环"城市轨道线网，新增营运里程 202 km，城市轨道线网总里程达到 415 km；开工建设5 号线北延伸段、5 号线支线和 4 号线二期共 70 km。截至 2016 年年底，轨道交通环线、4 号线一期（民安大道—唐家沱段）、5 号线一期（园博园—跳蹬段）、10 号线一期（鲤鱼池—王家庄段）、6 号线支线二期（悦来—沙河坝段）、9 号线一期（站西路—服装城大道段）、10 号线二期（兰花路—鲤鱼池段）等线路已陆续开工建设，全长约 194 km；9 号线二期仍处于环评阶段，全长约 8 km。

重庆自 1997 年成为直辖市以来，轨道交通建设取得了巨大成就。从直辖之初的无轨道线路发展到 2018 年年底 8 条线路通车运营（总里程 313.4 km）、主城还有 105 km轨道线路正在建设。未来，重庆的轨道交通建设将进一步加速，至 2020 年主城区将形成"八线一环"的城市轨道线网，运营里程达 412 km。

7.2 重庆市轨道交通 4、5、9、10、环线沿线公交线网优化

重庆市轨道交通环线已于 2013 年 10 月开工建设，于 2018 年年底建成通车，同时轨道交通 4、5、9、10 号线也将于"十三五"期间建成通车。轨道交通环线途经重庆沙坪坝组团、大杨石组团、南坪组团、人和组团等多个城市发展核心区，连接火车北站、火车西站、四公里综合客运换乘枢纽等多个城市交通节点，串联轨道 3 号线、6 号线、9 号线、10 号线，是重庆市轨道交通线网"九线一环"主骨架的重要组成部分（见图 7.12）。

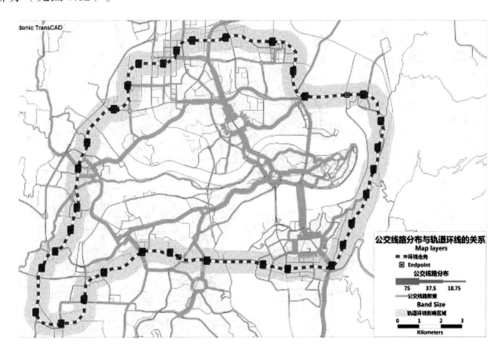

图 7.12 项目重点研究范围示意图

届时，重庆市轨道通车里程将达 412 km。为了顺应轨道交通快速发展的时代要求，整合轨道交通在建线路尤其是轨道交通环线走廊的公共交通资源，协调轨道交通与常规公交之间的资源配置关系，打通轨道交通与常规公交的换乘节点，更好地发挥公交主体作用，构建"以轨道交通为骨架，常规公交为主体，其他交通方式为延伸的可持续发展的公共交通一体化体系"，需对现状常规公交自身问题、轨道交通建设对常规公交潜在影响进行深入分析，为制订常规公交的优化组织方案和政策争取提供基础参考依据。项目目标具体包括以下 4 个方面：

①现状常规公交资源分布情况，明确常规公交资源结构配置方面的问题。

②常规公交的现状客流分布及其服务水平评价，找出服务质量及运行效率方面的短板。

③轨道交通环线建成通车后，轨道交通在线网路径覆盖、票价、运输效率等方面与常规公交的优劣势对比，分析常规公交未来发展的机遇和挑战。

④轨道交通环线通车后对常规公交潜在客流的影响，量化未来常规公交客流市场下行压力。

7.2.1 现状公交资源分布及存在的问题

截至 2014 年年底，主城现有公交线路双向共 996 条，涉及各类公交车辆 8 641 辆，线网总长度 15 583 km（双向），平均线路长度 15.65 km（见图 7.13）。主城公交线网具体呈现以下两个方面的特点：

①受主城区地形影响，道路结构为自由式结构，导致公交线路较长，多数公交线路长度超标准值上限。

②表面看线路有层次划分，但其实际功能作用却无层级关系。

公交运力与公交线路分布具有一致性，其在主城重要的干道路段上高度集中，如红旗河沟—观音桥路段、渝中区中干道、机场路等路段（见图 7.14）。通过分析高峰时段公交运力和公交车速分布情况发现，公交车辆分布越集中路段道路越拥堵，大量运力集中于拥堵路段在一定程度上降低了公交的运营效率，同时也造成干道上公交站点公交列车化现象严重。

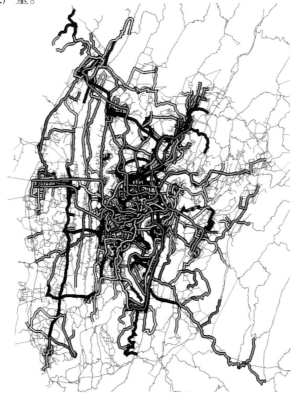

图 7.13　现状公交线网分布图

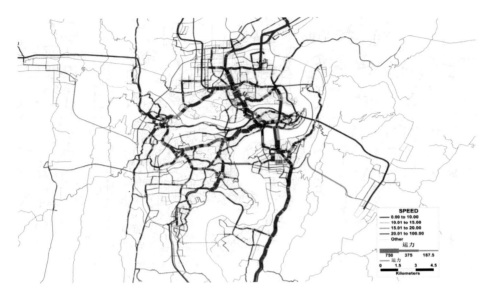

图 7.14　内环区域运力分布

7.2.2　常规公交现状客流分布

1）客流区域分布

内环以内大客流站点主要集中在城市主干道上并呈带状分布，外环区域大客流站点集中在两路、北碚、大学城和茶园以及重要的换乘节点并呈点状分布（见图 7.15）。

通过公交客流时间、空间交叉分析，站点早高峰客流量占全天客运量 20% 的站点，约有 900 个，主要分布在两路、蔡家、同兴、大学城、大渡口、李家沱—鱼洞、茶园等外围片区（见图 7.16）。由此可以看出，主城外围片区对公交的通勤需求比重更大。外围区域公交高峰需求与平峰需求差异更大，这就要求外围区域的公交更需做好发车调度，高峰时段加大发车密度，平峰时段相应减小发车密度。

2）客流走廊分布

从全天客流分布来看，公交客流在内环以内区域集中度较高，重点分布在各跨江桥梁、商圈之间重要连接通道上（见图 7.17）。具体包括南北四大走廊和东西三大走廊，具体分布如下：

（1）南北走廊

①学府路—菜园坝—观音桥，与现状轨道 3 号线同走廊，但公交客流在此通道上仍较为集中。

②学府路—黄花园—五里店，与现状轨道交通 10 号线同走向，未来此通道上的公交客流将会受到轨道 10 号线较大冲击。

③杨家坪—谢家湾—大坪，与现状轨道交通 2 号线同走廊。

④石桥铺—沙坪坝—大学城，与现状轨道交通 1 号线同走廊。

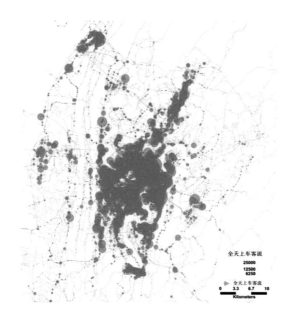

图 7.15　公交站点客流量分布图

图 7.16　早高峰客流集占全天 20% 以上站点分布

图 7.17　主城常规公交日单向客流 10 000 人以上路段分布

（2）东西走廊

①石桥铺—大坪—两路口，与现状轨道交通 1 号线同走廊。

②沙坪坝—大石坝—花园新村，与在建轨道交通环线同走廊。

③谢家湾—鹅公岩—四公里，与在建轨道交通环线同走廊。

常规公交大客流通道未来将完全被现状及在建的轨道线路覆盖，尤其是在建轨道线路公交客流走廊上，未来公交客流将随着轨道线路的开通而受到较大冲击（见图 7.18）；同时也可以发现，已建成的轨道 1 号线、2 号线、3 号线沿线仍然是常规公交的大客流通道，说明城市居民公共交通出行的需求是多样的，仅仅依靠轨道交通无法满足沿线居民的所有出行需求。

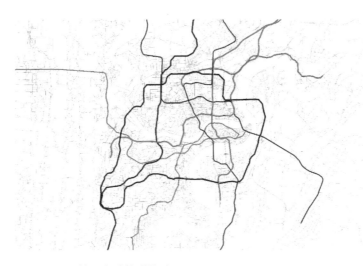

图 7.18　现状及在建轨道线路

7.2.3 公交服务水平评价

1）运营速度

由于小汽车保有量的迅猛增长，重庆主城区各大桥梁和商圈道路拥堵严重，公交运营车速逐年降低。公交运行呈现内环以内区域性拥堵、内环以外节点性拥堵特征，尤其是在商圈周边公交运营拥堵严重（见图7.19）。随着乘客对出行时间的敏感度越来越高，公交出行拥堵延时已经成为常规公交可持续发展的最大障碍，在轨道交通快速发展的今天仍需要大力发展公交专用道，满足市民多层次公共交通出行需求。

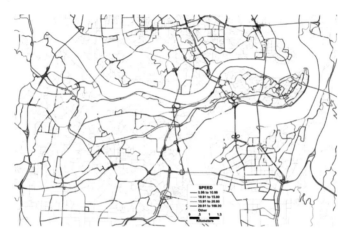

图 7.19　核心区运营速度分布

2）满载率

根据2014年年底数据，主城21个重要客流通道上早高峰最大客流断面车辆满载率均在78%以上（见图7.20）。其中长江二路、五红路、建新东路、红锦大道、金童路、江南大道、南坪西路、汉渝路、石杨路、西郊路等10个重要路段车辆满载率甚至超过100%。针对此问题，可通过高峰区间车方式缩短公交周转时间、加大发车密度以满足高峰满载率过高路段的乘客出行需求。

3）平均乘距

常规公交平均出行距离为4.9 km，轨道平均出行距离为6.5 km（见图7.21）。从出行时耗看，公交平均出行时耗为33 min，轨道平均出行时耗为42 min。常规公交和轨道交通的出行距离均主要集中在7 km以下，均以中短途出行为主。其中，常规公交出行距离主要集中在2~4 km，客流出行比例占45.09%；轨道交通出行距离在2~7 km分布较为均匀。在7 km以下的轨道交通出行中，有48.78%出行属于组团内部出行，轨道交通承担跨组团、中长距离出行的骨干作用不突出。说明主城区公共交通不同出行方式承担的功能定位不够明晰，轨道交通出行距离偏短，轨道交通与常规公交功能重叠较为严重。

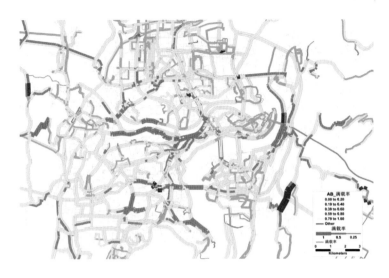

图 7.20　核心区高峰小时公交满载率分布图

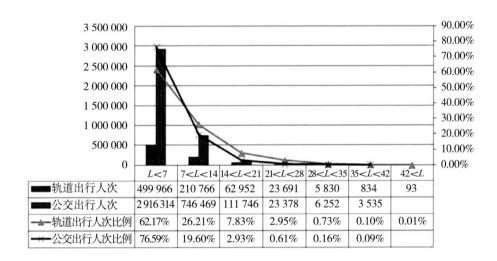

	$L<7$	$7<L<14$	$14<L<21$	$21<L<28$	$28<L<35$	$35<L<42$	$42<L$
轨道出行人次	499 966	210 766	62 952	23 691	5 830	834	93
公交出行人次	2 916 314	746 469	111 746	23 378	6 252	3 535	
轨道出行人次比例	62.17%	26.21%	7.83%	2.95%	0.73%	0.10%	0.01%
公交出行人次比例	76.59%	19.60%	2.93%	0.61%	0.16%	0.09%	

图 7.21　公交轨道交通出行距离分布图

4）周转效率

日均客流大于 1 万乘次的线路约占全部线路的 50%，日客流量 1 万 ~2 万人次的线路数量占总线路数的 30%。日客流 1 万 ~2 万人次线路的单车人次平均为 674 人，该类别线路的车辆运载效率比其他线路更高。经统计分析，线路车辆配置与线路客流量之间存在紧密的逻辑函数关系（见图 7.22），线路车辆配置数量与线路客流呈正相关关系，经拟合其函数关系为：

$$y = 732.43x - 1\ 772.6\ (R^2=0.865\ 1)$$

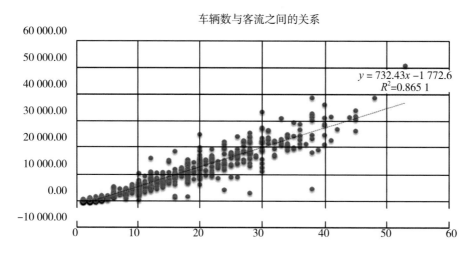

图 7.22　线路车辆数与线路客流的逻辑关系散点图

虽然从统计学角度线路配车数与线路客流之间呈正相关关系，但是现实情况下仍存在大量线路客流量与车辆配置不匹配的问题，在未来的公交优化中需重点关注偏离函数值较多的线路，合理调配车辆配置以提高整体运载效率。例如，同样配置 20 辆车的线路，最高客流达到了 2.5 万人次，最低客流仅为 0.7 万人次。

7.2.4　不同情境下轨道交通与常规公交优劣势对比

轨道交通大规模运行后，其产生的网络化效应远远大于单条轨道线路的影响。网络化效应的分析，很难利用某些指标去分析，所以我们采用定向的分析，从两者不对抗的角度去客观地认识网络化可能给常规公交带来怎么样的影响。以轨道交通环线影响研究为重点，分析其开通对公交客流的潜在影响。

1）轨道环线开通后，轨道交通内部路径变化

轨道环线运行以后，轨道自身的出行结构也将发生重要的变化，典型的变化是将原来射线客流转化为面型客流，出行路径也将随之调整。基于路径的变化，可能出现两种情况：同一轨道 OD 出行距离较原网络缩短，或者新增更多的出行路径可能。

通过模型数据的分析（见图 7.23），红色约占所有出行 OD 对的 39%，而相对于原轨道网络路径距离平均缩短约为 4.9 km。黄色约占整个出行的 85%，而相对于原轨道网络几乎是新增近 1 倍的出行路径选择。

2）轨道环线开通后，轨道与公交路径距离优劣势对比

前面主要阐述了轨道环线开通以后，轨道内部可能出现的路径变化情况，但相较于公交则没有明确分析。本部分将分析与轨道同一个出行目的地的公交路径的变化情况。

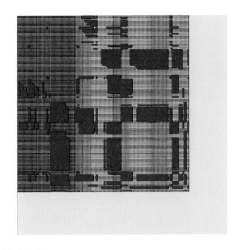

图 7.23　环线开通前后路径对比图

备注：上图标示的意思是全图的轨道所有的出行路径（简单理解就是所有可能的上车位和所有可能的下车位），而红色的标示是轨道环线开通以后路径缩短的起终点，黄色的标示是环线开通以后新增的出行路径。以下类似图形的表达方式是一致的。

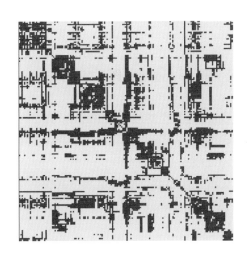

图 7.24　同一目的地公交轨道出行路径对比分析

备注：红色表示轨道环线开通后，公交网络出行距离比轨道出行距离大；黄色表示：轨道环线开通后，公交网络出行距离比轨道出行距离短。

　　通过以上的分析，公交网络出行距离比轨道出行距离长的 OD 对占 57%，公交网络出行距离比轨道出行距离短的占 43%（见图 7.24）。单纯地从距离上分析，轨道的出行距离并没有完全的优势，公交线网设置的直线系数要优于轨道交通。

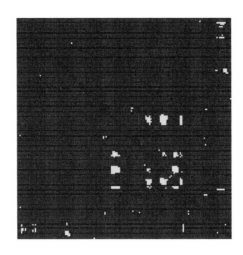

图 7.25 同一目的地公交轨道出行时间对比分析

备注：红色表示轨道环线开通后，公交网络出行时间比轨道出行时间长；黄色表示：
　　　轨道环线开通后，公交网络出行时间比轨道出行时间短。

3）轨道环线开通后，轨道与公交路径时间优劣势对比

尽管公交在出行距离上仍有优势（不考虑换乘次数、换乘时间），但如果考虑运行速度，公交的优势则荡然无存，轨道运行快的优势得以充分体现。

通过以上的分析，公交网络出行时间比轨道出行时间长的 OD 对占 95%，公交网络出行时间比轨道出行时间短的占 5%（见图 7.25），显然相比而言公交没有任何的优势。

4）轨道环线开通后，轨道与公交路径票价优劣势对比

通过以上的对比分析，公交在出行距离上存在优势，在出行时间上存在劣势，那么相对于票价，公交和轨道之间是否存在相应的差距？

通过以上的分析，公交网络出行票价比轨道出行票价高的 OD 对占 8%，公交网络出行票价比轨道出行票价低的占 92%（见图 7.26），显然公交在票价上仍存在巨大的优势。

结合上述对网络层 4 个方面的分析，得出以下结论：

①轨道内部结构进一步强化。轨道环线加强了轨道网络的结构，提高了轨道内部效率，新增了大量出行路径，进一步提升了轨道服务区域。

②公交在出行距离上略有优势。由于轨道线路设置受到多方面因素的影响，非直线系数控制得并不好，所以相对于基于路网的公交线路而言，公交存在一定的出行距离优势。

③轨道在出行时间上具有绝对优势。随着主城区人口经济快速发展以及小汽车增加，主城区道路拥堵越发严重，基于路网的公交线路运行速度仅有 15 km/h，而轨道运营速度基本达到 30~35 km/h，是常规公交线路的 2 倍多，所以就出行时间而言，轨

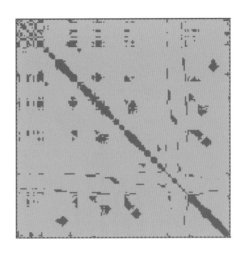

图 7.26 同一目的地公交轨道出行票价对比分析

备注：绿色表示轨道环线开通后，公交网络出行票价比轨道出行票价高；黄色表示轨道环线开通后，公交网络出行票价比轨道出行票价低。

道具有绝对的优势。

④公交在出行票价上具有绝对优势。常规公交主体执行的是一票制票价，即 1 元和 2 元票价，而轨道采用的是 2 元起步至 7 元封顶的方式，阶段票价要高于公交，所以公交的票价具有绝对的优势。

7.2.5 轨道环线开通对公交全局客流量化影响分析

乘客出行过程中，公交起终点中至少一端分布在轨道周边 500 m 范围内的出行定义为轨道的全局客流。

就现状的数据而言，轨道环线开通后，将有 337 万常规公交出行分布在轨道站点 500 m 范围之内（见图 7.27），约占常规公交客流量的 63%，对于公交发展是极大的挑战。但就客观情况而言，该分析又具有其先天合理性，公交客流主要集中于内环以内，而轨道基本囊括了主城内环以内主要的商业区、办公区及客流走廊。

轨道对公交的全局客流影响，划分为两个部分：一是轨道对公交的直接客流影响，乘客出行过程中，起终点两端均分布在轨道周边 500 m 范围内的出行定义为轨道的直接客流影响（见图 7.28）；二是轨道对公交的间接客流影响，乘客出行过程中，起终点有且仅有一端分布在轨道周边 500 m 范围内的出行定义为轨道的间接客流影响（见图 7.29）。

显然，轨道所服务的区域内分布着大部分的常规公交客运量，这部分的客流都将是轨道的潜在服务人群，一旦轨道服务能力大幅提升，将有相当大的常规公交客流向轨道交通转移。

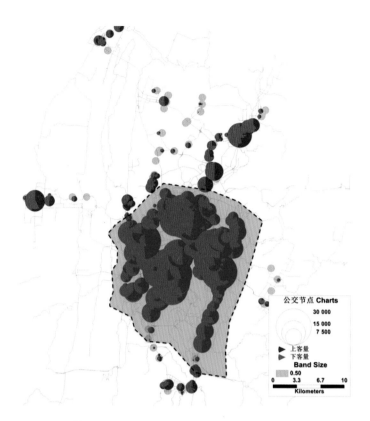

图 7.27　轨道 500 m 半径范围的公交客运量分布

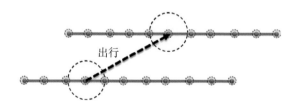

图 7.28　轨道对公交的直接客流示意图

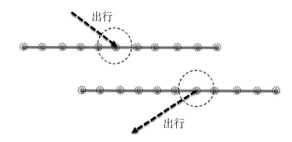

图 7.29　轨道对公交的间接客流示意图

7.2.6　基于轨道交通建成通车情况的公交线网优化技术

公共交通线网优化应具有一定的超前性，通过轨道与公交空间关联性、公交轨道客流预测，分析未来客流分布特征，提前制订优化方案，以及时有效应对客运市场的变化，达到提高公交整体运营效率和最大化地满足乘客出行需求的目的。

优化思路主要包括以下四大措施：

1）线网分级及优化

将公交线路按照特定目的、功能定位、道路条件、客流分布、车辆配置、运营组织等内容，人为地归类划分，形成清晰的公交线网结构。线网分级具有两个方面的作用：一是为未来新增线路的功能定位划定标准和依据；二是对存量的公交线路的线网和结构优化提供参考。

（1）中心区域的公交接驳以线路优化调整为主

公交线路的布设应以满足不同需求的乘客出行和对公交线网整体进行加密为目的，线路以优化和调整为主，而非简单的删减。根据时间、空间客流分布规律，采用营运调度（大站车、区间车、夜班车）、运力配置、线网优化（延伸、缩短、变更通道等）、线网取缔等方式逐一层面优化。

（2）外围区以配合轨道线路接驳客流和组建骨干公交网络为主

在轨道尚未成网和密度规模较低时，常规公交和轨道线路共同组建骨干线公共交通网络，共同起到引导城市发展和城市空间拓展的作用。同时，通过设置公交接驳线，达到轨道交通与常规公交的互赢。

2）推进公交专用道规划建设

根据骨干道路网布局，打造公交高峰专用道，专用道可与轨道线路同走廊。其一可弥补轨道覆盖不足的问题；其二可加快公交内部运营组织，提高线网周转率，进一步保障公交骨干线网快速流通，解决公交核心区不畅通的问题；其三可为乘客提供多样化的公共交通服务，同时提高公共交通运输服务的安全性和稳定性，在轨道交通突发情况下乘客可借助专用道快速疏散。

3）放宽票价政策

政府致力于提倡常规公交解决出行"最后一公里"的问题，但在票价体系上却并没有完全放开，所谓"最后一公里"，通常理解为"门—站"的距离，而门则存在家和单位两个门的距离，也就是说，"最后一公里"在一次出行当中其实有两次，现在的票价政策却规避这个问题，所以建议开放票价。

优化票价结构，发挥公交与轨道客流杠杆作用。建议根据新的客流特征，研究适合的票价体系，控制轨道与公交客流不平衡性，有意识地进行客流引导。

适度放开免费优惠换乘政策，促进线网优化。现存的票价体系并不利于未来公轨一体化的线网优化，通常线网优化将会带来换乘次数的增加，而适当放开免费优惠换乘政策将有利于公交发展。

4）开放公交车使用范围

随着轨道交通线网的大幅新增，公交运力将出现大量剩余，如果不加以利用，不仅会造成巨大的浪费，甚至还会出现大规模的人员下岗，而随着城市进程放缓，人口红利有限，公交客流自然增长乏力，后续客流不足，主城区的客运市场将无法自然消化剩余运力。随着"互联网+"的概念延伸至公交行业，对于公交的冲击巨大，建议政府应进一步放开公交的经营模式，形成多种特色公交、定制公交、旅游公交等，同时进一步扩大公交客运范围，适当突破运营区域限定。

7.3 基于复合交通走廊的两江新区轨道交通线网规划

7.3.1 交通复合走廊的内涵与特征

交通复合走廊是交通引导城市化发展的模式之一，指将多种运输方式集中在同一发展带上所形成的高效率运输廊道，通常是由轨道与道路共线形成，具有容量大、流量大、运距长、速度快等特点。交通复合走廊不仅包括交通服务设施，同时也包括一定宽度范围的走廊用地，走廊内有多种交通方式，可以是一条主要交通干线，也可以是若干交通线路的组合，但由于走廊的交通流量大，必须有大运量的快速交通方式，如轨道交通系统、城市快速路等。

交通复合走廊是由多种交通运输方式组成的交通设施密集地区，可节约在途时间、降低出行成本，同时也是产业和城市高度发达的经济集聚地带，其形成、发展、演变的规律与工业化、城市化进程同步，并与经济、社会的变革紧密相关。交通复合走廊规划应结合轨道线网、快速路、主干路建设，提供轨道交通和道路交通两种快速运输方式之间的无缝衔接换乘，形成核心区与外围组团间的快速公共客运体系，为乘客创造方便舒适的通勤环境，同时引导城市外拓，促进外围组团的开发和形成。

交通复合走廊是城市交通系统中的"大骨架"，它使分散的城市交通流相对集中在走廊上，使城市交通网络层次分明。交通复合走廊的一般具有以下几个方面的特征：

①交通复合走廊处于城市交通相对集中的地带，联系城市交通流的主流向，一般由城市主城区沿城市发展轴线或城市规划走廊，由城市中心呈放射状伸展出去，连接城市外围功能组团，主要解决中长距离、大运量的客货交通。

②交通复合走廊中各种交通方式布局结构紧凑，可以同时采用高架、地面、地下等方式，用地集约，对于用地紧张的山地组团型城市尤其适用。通常可在走廊两侧以及各功能组团留出一定的空地，用以改善城市的生态环境。

③交通复合走廊由不同交通方式组合形成，形成不同的布局结构，如轴链式、串

86

珠式等，有利于发挥各种交通工具的效能，尤其是能充分发挥轨道交通作为通道性交通工具的优越性，减少道路占地和降低对环境的影响。

④交通复合走廊不一定是单独规划的，两个或多个交通走廊之间可以通过次级走廊连接，形成交通走廊网络，并通过城市客运枢纽锚固交通复合走廊，提高交通网络的通行能力和运行效率。

7.3.2 两江新区公共交通组织模式

交通复合走廊需要考虑与土地开发的耦合联动，走廊沿线区域是城市快速扩张阶段需要高度重视和严格控制的区域，是落实公交优先理念的核心拓展空间，也是市场经济环境下追求城市职住平衡的有效空间载体。

两江新区交通需求特征适合复合交通走廊组织。跨组团出行比例较高、通勤时间长且距离远。随着机动化发展和城市空间扩展，居民平均出行距离提高，新区跨组团出行比例增大。根据《2014 年重庆主城区居民出行调查报告》，对外通勤比方面，两江新区整体的跨组团出行比例由 2002 年的 15% 增长至 2014 年的 27%。其中新区中部的唐家沱组团、人和组团、空港组团一方面紧邻主城核心区，承接核心区辐射，同时另一方面连接新区外围组团，服务新区外围组团就业，因此跨组团的出行比例较高，分别达到 44%、42%、68%。

基于两江新区的发展阶段和用地发展布局，结合新区综合交通的发展规划及空间结构的发展趋势，构建 4 条交通复合走廊（见图 7.30），串联沿线各功能组团。4 条走廊分别为冉家坝—蔡家走廊、观音桥—水土走廊、龙头寺—空港新城走廊和江北嘴—龙兴走廊，各走廊形成以轨道为骨架，高快速路、主干路为主体，次干路为辅助的综合交通体系。

结合用地性质和交通条件，考虑客运枢纽及轨道站点、公交枢纽布局等，规划形成 16 个枢纽地区（见图 7.31），锚固交通复合走廊。枢纽地区作为公共交通引导开发的重要节点地区，预留骨干交通线路接入条件，统筹骨干客运网分期建设。客运枢纽地区分为三级，共同承担城市对外客运运输与城市公共交通运输组织功能。一级枢纽为门户型综合换乘枢纽，是城市内外交通换乘节点，承担对外交通与城市交通衔接换乘功能；二级枢纽为组团型换乘枢纽，是城市组团间交通及城乡客运组织中心，承担城市中长距离交通衔接换乘功能，结合组团功能中心、城乡客运站等布局；三级枢纽为社区型换乘枢纽，是城市片区内部客流换乘与公交组织核心。

7.3.3 基于复合交通走廊布局的轨道交通线网优化建议

通过构建快慢结合、层面分明、功能完善的轨道交通网络，支撑两江新区交通复合走廊发展，优先发展公共交通，推进系统整合与干线交通提效，优化轨道和公交线网，

山地城市可持续综合交通规划技术与实践

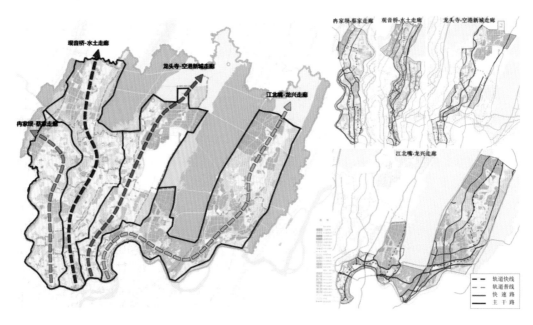

图 7.30　两江新区 4 条交通复合走廊及设施布局

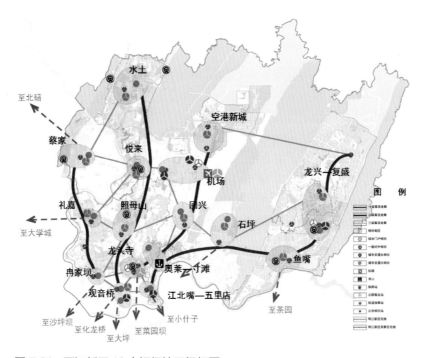

图 7.31　两江新区 16 个枢纽地区组织图

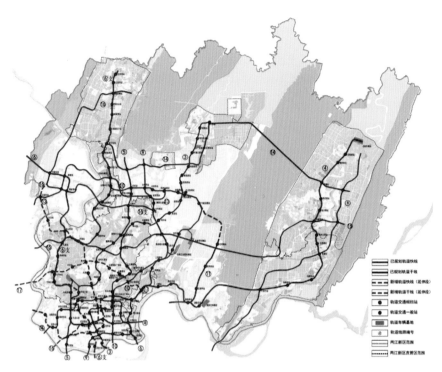

图 7.32　两江新区轨道线网规划

实现轨道交通分担率在机动化出行结构中由 2014 年的 5.8% 提高到 2030 年的 28%，打造"轨道上的两江新区"（见图 7.32）。

1）城市客运列车辐射大都市区

城市客运列车也称市郊铁路，指用干线铁路或修建专用线路，开行于市中心区到卫星城镇、卫星城镇到卫星城镇间（站距较大、停车次数较少、行车密度不太大）的旅客列车。根据两江新区交通复合走廊布局和干线铁路规划，以东环线为基础，在充分挖掘既定铁路资源的基础上组织开行城市客运列车，并保留与大铁互联互通条件，线路组织进入中心区，与综合交通枢纽实现良好衔接。规划形成"一环三线"的城市客运列车（见图 7.33），重点服务观音桥—水土、龙头寺—空港新城和江北嘴—龙兴 3 条交通复合走廊。

一环利用渝利、渝怀、铁路东环线及其支线通道，开行连接机场、北站、悦来、空港地区的城市客运列车，服务新区发展；西线利用遂渝、东环线及支线延长线通道，开行核心区至水土片区客运列车，实现快速交通联系；中线利用渝达、东环线通道，开行核心区经机场至龙盛北部片区的客运列车；东线利用渝怀、东环线通道，开行联系核心区至龙盛片区的客运列车。

2）优化轨道快线实现都市功能核心区与拓展区的快速直达联系

在既有轨道线网规划的基础上，两江新区轨道线网优化新增 2 条轨道快线，重点强化核心区—水土、核心区—龙兴两条交通复合走廊，快速服务新区各组团间联系（见图 7.34）。

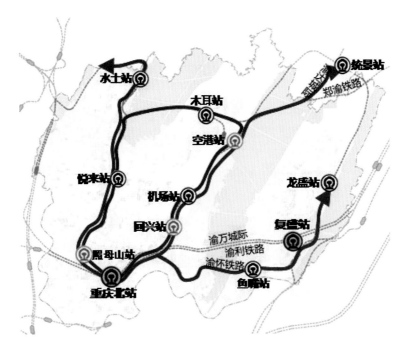

图 7.33　两江新区城市客运列车通道布局规划

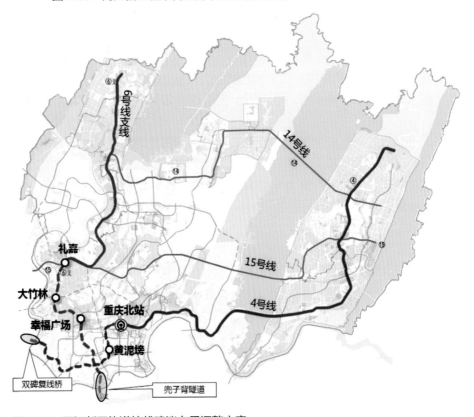

图 7.34　两江新区轨道快线建议布局调整方案

规划新增 6 号线支线，拆分 6 号线与 6 号线支线，连接幸福广场和观音桥，沿星光大道、兜子背至菜园坝，形成南北向轨道快线，快速服务水土、悦来、礼嘉、观音桥组团间的联系；规划延伸 4 号线西延线，原 4 号线向西延伸经黄泥磅、鸿恩寺、大竹林；在双碑站接既有 1 号线西段，形成东西向轨道快线，串联龙盛副中心、复盛枢纽、重庆北站、观音桥，改善观音桥组团和沙坪坝、西永组团缺乏轨道交通联系的状况。

3）优化轨道普线支持重点地区的建设

结合两江新区交通复合走廊布局，两江新区轨道线网优化新增 2 条轨道普线（见图 7.35）：一是根据 4 条交通复合走廊沿线用地功能、开发强度、服务人口等，强化轨道普线服务；二是支撑次级交通衔接走廊，提高轨道线网的可靠性、提升线网之间换乘衔接效率。

规划轨道 16 号线南延，增加水土和中心区的联系通道，强化中心区—水土交通复合走廊的设施支撑，填补照母山地区的轨道覆盖盲区；规划 17 号线东延，作为次级交通走廊，横向联系 4 条交通复合走廊，同时填补照母山地区的轨道覆盖盲区，加强原北部新区和大学城的联系。

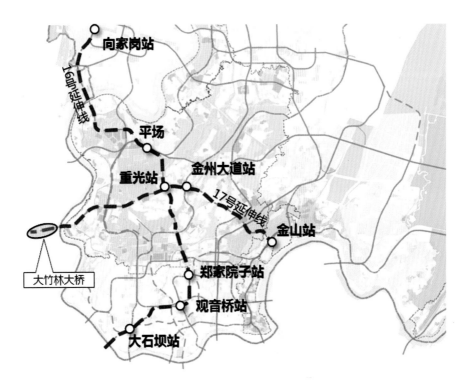

图 7.35　两江新区轨道普线加密建议布局调整方案

91

第 8 章　城市的理想居所

8.1　悦来生态城综合交通规划

8.1.1　生态城本底特征及主要任务

悦来生态城功能定位是以绿色出行、功能混合、职住平衡为导向的绿色生态示范城区。其主要功能包括居住、商业服务、科技研发等，采用以公共交通为导向的土地开发模式，形成集约紧凑、配套完善、适宜步行的生态居住区。规划范围总面积 344.00 ha，其中规划城市建设用地面积 262.75 ha，规划居住人口 5.0 万人。

按照悦来生态城控规，悦来生态城将形成"一核、一带、两谷、三片"的空间格局。其中"一核"是指围绕轨道交通 6 号线支线高义口站布局的公共服务核心区；"一带"是指嘉陵江滨江生态景观带；"两谷"是指张家溪生态溪谷和桷水沟生态溪谷；"三片"即依托三级台地布局的北部、南部和西部滨江生态居住社区。

生态城地形条件复杂，西临嘉陵江。规划区自然地形为典型丘陵地貌，由东南向西北逐渐降低，最高点 359 m，最低点 174 m，高差达 185 m。场地自然台地特征明显，按照高程共分为 3 个台地，分别是南部台地（高）、北部台地（中）、滨江台地（低）。

悦来生态城的地形是重庆典型的山地、滨河特征的重要体现，悦来生态城能否成功的关键因素之一在于建立一个广泛而可达性高的公共开放空间[42]，这就对城市交通提出了严峻的考验。

悦来生态城综合交通规划项目面临着 4 大任务：

①小街区、密路网的规划思路如何得以体现。

②作为 TOD 探索的示范区，如何落实 TOD 交通规划理念。

③如何结合生态城独特的山水地形，打造独特的步行系统，营造良好的开敞空间。

④如何结合小街区，打造生态城宁静化交通系统。

8.1.2　生态城规划目标

悦来生态城的交通规划目标是构建以绿色低碳交通为主体、以 TOD 为发展核心的综合交通系统，实现生态城交通公平共享、集约可持续发展。

以人为本，注重人的交通需求，按照对外出行、对外到达、内部交通出行等不同交通出行范围，制定不同的发展策略；同时关注人的出行尺度，注重自行车交通、步行交通的人性化，实现多种交通方式的有机衔接。

TOD 发展，就是以公共交通为主导的城市发展，即以大运量的公共交通（主要是轨道交通）作为城市交通的骨干，在主要站点周围（5~10 min 步行半径）建设高密度的集居住、商业、就业、文化设施于一体的城市社区，实现绿色交通出行；同时，围绕土地集中地，构建大中容量的公共交通出行通道，形成公共交通主通道，同时在区域内部合理组织公交环线，实现与公交干线的顺畅接驳和换乘。

结合悦来生态城的功能定位，主要从服务模式、服务标准、设施供给 3 个层面，提出 17 项具体执行指标，其中服务模式 4 项、服务标准 5 项、设施供给 8 项，17 项指标全部落实到规划方案中（见表 8.1）。

表 8.1　生态城规划目标及指标

层　次	指　标	规划指标
服务模式	内部绿色出行比例	80%
	TOD 核心区步行占比	80%
	TOD 主要公交走廊公交分担率	80%
	内部小汽车出行比例控制	15%
服务标准	步行平均距离	15 min
	公交平均距离	10 min
	公交车平均速度	25 km/h
	80% 人行平面过街时长	15 s
	步行至公交车站距离	5 min
设施供给	路网密度	10 km/km^2
	步行专用道占道路总长	30%
	步行道及自行车道密度	6.3 km/km^2
	内部公交线网密度	4.9 km/km^2
	300 m 公交站点覆盖率	100%
	居住区路内停车供给率	5%
	主要干道交叉口智能化管控率	100%
	居住区路口宁静化处理率	100%

8.1.3 主要规划方案

1）路网规划

规划范围内城市主干路由两条红线宽度 24 m 的单向二分路组成；城市次干路道路红线宽度 24~26 m；城市支路道路红线宽度 20 m；结合道路断面（见图 8.1），规划控制两侧人行系统。

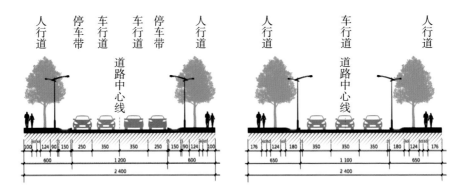

图 8.1　生态城道路断面

规划道路交通用地面积 65.36 ha，占城市建设用地的 25.84%；生态城路网总长 24.4 km，其中主干道 4 km，次干道 4.6 km，城市支路 15.8 km，按照片区城市用地总面积测算则城市路网密度 7.44 km/km²。考虑到片区虽然总用地面积为 344 ha，但城市实际建设用地面积 252.93 ha，实际路网密度达到 9.42 km/km²（见表 8.2）。

高义口东西路是片区重要的南北向通道，也是片区唯一承担内外交通转换的通道，交通流量较大，将原有红线较宽的传统主干道撕裂成两个分幅，单条干道承担单向交通功能，道路宽度缩窄、尺度降低，同时节点配合单向交通进出，能减少交叉口的节点冲突点，继而提高道路和节点通行能力；同时原有的传统主干道围合成的超大街区进一步细分成网格化的小型街区，让行人步行直达社区任意位置，方便人行交通出行（见图 8.2）。

表 8.2　生态城路网指标

	主干路	次干路	支　路	合　计
总长度（km）	4.0	4.6	15.8	24.4
线网密度（km/km²）	1.58	1.82	6.27	9.42
重庆道路规范（km/km²）	0.8~1.4	1.5~3	3~5	—

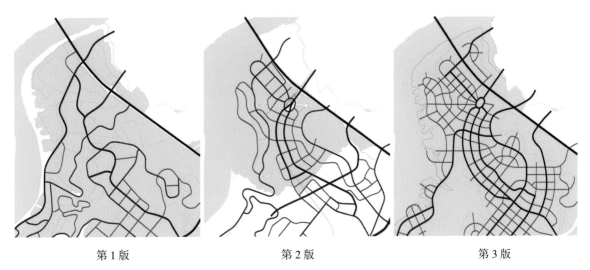

第 1 版　　　　　　　　　　第 2 版　　　　　　　　　　第 3 版

图 8.2　生态城路网结构演进图

2）TOD 规划理念落实

高义口周边集中了生态城的大量商业、商务用地，高义口轨道地铁站是生态城内部交通客流集聚点，也是步行交通需求最为旺盛的区域。根据测算，高峰小时高义口环岛与周边地块的交通出行总量为 9 346 人次，其中北侧占比 6%，南侧占比 40%，西侧占比 31%，东侧占比 23%。其中，西侧和南侧为人流密集出行方向，高峰小时过街人数分别为 3 719、2 937 人次（见图 8.3、表 8.3）。

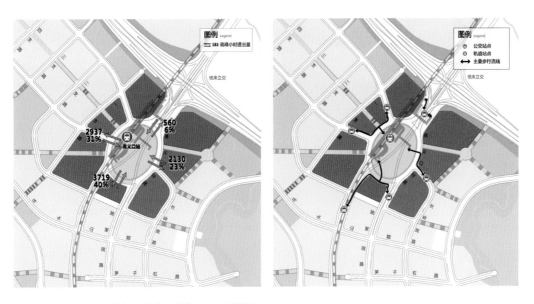

图 8.3　高义口轨道站点人流量分析及设施规划

表 8.3　高义口环道行人过街方案

高义口环道行人过街	行人过街设施规划思路
南侧	规划过街广场，与轨道站主出入口形成整体，不影响机动车交通组织
北侧	轨道站点通道实现人行过街，已建成投入运营
东侧	近期利用平面过街、远期结合商业设置地下通道，规划控制一处
西侧	近期利用平面过街、远期结合商业设置地下通道，规划控制两处

悦居路：考虑悦居路两个出入口距离高义口环道距离较近，并且悦居路沿线开发体量较小，为减少对高义口环道的交通干扰，悦居路实施逆时针单向交通组织。

长岭石岗路：长岭石岗路为生态城东部、南部进出通道，考虑右进右出交通组织。

结合生态城周边商业开发以及高义口环道地下停车用地布局，规划控制"P+R"停车设施，规划控制停车泊位 200 个。

3）城市步道系统规划

按照生态城城市总体规划，生态城用地将划分为"一心三片"，其中"一心"为高义口商务区，"三片"分别为北部、西部、南部的居住用地（见图 8.4）。结合各片区主要城市道路功能定位及道路红线宽度，规划独立步道、沿街步道，并形成与其功能匹配的步道断面形式（见图 8.5、图 8.6）。

图 8.4　生态城步道系统功能分区图

按照步行主通道、步行次通道、两江新区规划绿道、补充梯道，根据不同分类和不同功能定位，同时确保各个步行系统之间的有机串联和衔接，形成步行系统规划方案（见图 8.7、图 8.8、表 8.4）。

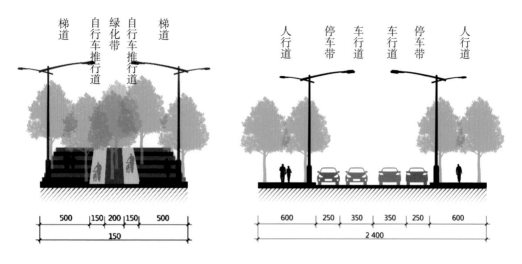

图 8.5　住区独立步道断面　　　　　　　　　图 8.6　住区沿街步道断面图

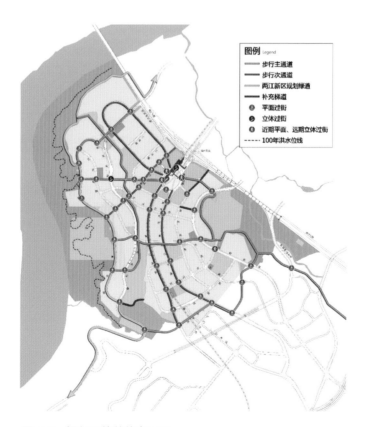

图 8.7　慢行系统总体布局图

表 8.4　慢行系统规划控制指标

层　次	指　标	规划指标
步行系统	总长度	17.9 km
	其中：步行主通道	7.8 km
	步行次通道	5.3 km
	补充梯道	0.7 km
	滨江绿道	4.1 km
服务情况	5 min 步行覆盖面积	0.42 km^2/12.3%
	10 min 步行覆盖面积	1.32 km^2/38.8%
	15 min 步行覆盖面积	2.97 km^2/87.4%
设施供给	人行平面过街平均间距	100 ~ 200 m
	立体过街设施	5 处
	步行专用道总长	7.2 km
	步行专用道密度	2.1 km/km^2
	步行专用道：道路总长	7.2 ： 25.3

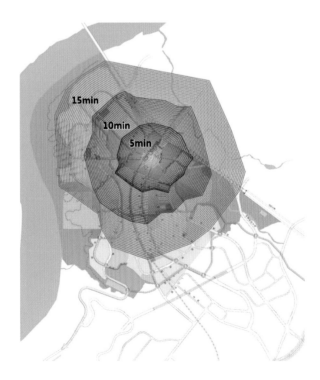

图 8.8　生态城步行系统服务情况

4）交通宁静化

对于住区，在开车视距较好的次支路系统，为保障生态城步行出行品质，对部分路口或路段稳静化处理，采取收窄路口、彩色人行斑马线等方式，生态城内总计规划控制路口 51 处（见图 8.9）；同时，在住区内，对于相交道路纵坡超过 3% 的次支路，设置减速转盘、安全系统（见图 8.10）。

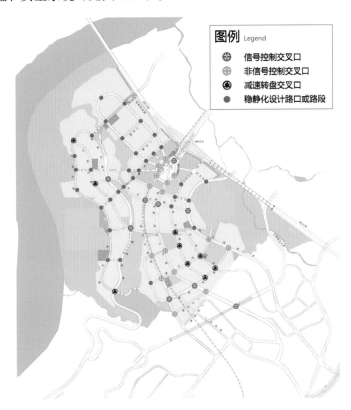

图 8.9　生态城内部交叉口组织形式

图 8.10　交通稳静化处理示例

8.1.4　生态城交通规划方案评估

悦来生态城提出了交通总体目标，并从服务模式、服务标准、设施供给 3 个层面提出了若干技术控制指标。

在服务模式层面，贯彻以绿色交通为主体、TOD 为发展核心的理念，主要通过内部绿色出行比例、内部小汽车出行比例、TOD（公交和步行）4 个约束指标进行规划控制。

在服务标准层面，公交运行速度、行人过街等指标，还需要在生态城建设完成之后加强交通管理，进一步提高交通服务水平，展现生态城良好交通服务品质。

在设施供给层面，重点围绕城市路网密度、步行通道、公交覆盖、交叉口精细化处理、路内停车等 8 项指标进行规划控制，其中城市路网密度为 9.42 km/km²，内部公交线网密度达到 4.9 km/km²，步行专用道路网密度达到 3.33 km/km²。总体来讲，设施供给层面基本达到了前期规划的预定目标，有效地支撑了生态城服务模式层面的总体思路。

8.2　两江新区照母山片区绿道网络规划及示范线设计

2010 年两江新区挂牌成立，辖江北区、渝北区、北碚区 3 个行政区部分区域，以及保税港区、两江工业开发区等 2 个功能区，江北嘴金融城、悦来国际会展城、果园港等 3 个开发主体，规划总面积 1 200 km²，常住人口 221 万人。

重庆市人民政府及两江新区管理委员会历来重视城市生活环境的改善，以及交通系统的规划建设，积极开展低碳经济、低碳城市的理论及实践探索。同时，两江新区地形条件相对较好，绿廊网建设有较好的条件和基础。两江新区美丽山水城市建设也初具规模，建成了一大批森林公园、郊野公园、市政公园和社区公园，为绿廊网的建设管理提供了良好条件。因此，规划建设相对完善的绿廊系统具有良好的外部环境和内在动力。

照母山片区位于两江新区建成区核心，片区发展一直注重体现生态宜居底色，科技创新特色。片区内山麓、湖泊密布，主城最大的森林公园——照母山森林公园（约 287 ha）坐落于此，还有 18 万 m² 的两江幸福广场，周边遍布的百林公园、古木峰公园、动步公园、月亮湾公园等。同时，依托"星"系列、"星座"系列、山顶总部、高科总部广场、渝兴总部基地、互联网产业园、服务贸易产业园、新型金融产业园、智能制造产业园和互联网学院等产业楼宇，片区已成为重庆科技要素最为集中、科技服务业发展势头最为强劲的区域，吸引了一大批科技企业向新城集聚。

照母山片区既是科技城，又是宜居城，为了进一步彰显城市魅力，构建自然生态的出行环境，引导低碳可持续发展的出行模式，新区管委会决定启动绿道网络规划及示范线建设。

8.2.1 现状特征

由于特殊的山地地形条件，自行车交通系统被忽视，而两江新区部分区域的地形条件相对较好，具有规划建设自行车交通系统的客观条件。现有的步行空间系统也存在局部不完善的情况，还没有形成步行系统网络，与城市道路系统的衔接方式相对粗放，无法满足安全、便捷等基本需求。

（1）生态本底

研究区内生态本底基本成形，嘉陵江纵贯西部，其余次级河流、水库沿地势低洼处布局，山体、森林、公园、广场呈面状匀质分布区内。不过各生态板块之间缺乏有效的联系，生态廊道尚未强化，道路防护绿地景观价值也未能凸显。

（2）核心节点

区内有宜家、美凯龙、奥特莱斯、汽博、麦德龙、迪卡侬等大型专业商场，也有财富中心、协信中心等城市综合体，有川剧博物馆、宝林博物馆、高科体育场等大型文化设施。不过各大专业卖场各自为政，针对目标群体单一，缺乏沟通联系，城市综合体人气活力不够，缺乏个性，缺乏活力节点。

（3）开敞空间

区内开敞空间有两江幸福广场、火车站南北广场等重要空间节点，也有园博园、照母山公园、动步公园等重庆市级公园。不过开敞空间内部缺乏联系，可达性一般，缺乏公交、停车场的有效支撑，在滨江节点处缺乏城市阳台，造成滨江资源的遗忘。

（4）绿色廊道

在进行城市规划与建设时，没有考虑绿色廊道这一生态要求，一方面大部分道路仅对其两侧进行绿化，没有形成一定的宽度；另一方面对长江、嘉陵江及十多条溪河两岸的绿地也未进行有效的保护。绿色廊道由于没有足够的宽度，不能充分发挥出应有的生态功能，这样就使得城区内的各绿色斑块之间及其与城外的大型自然斑块之间缺少必要的联系。

8.2.2 规划过程

照母山片区绿道网络规划，致力于在山地城市特殊地形条件下提出绿道设计思路与网络规划，进行探索性尝试，在有条件区域内发展特色步行和自行车系统，将提出的具有山地城市特色的绿道网络规划技术体系应用于实践。

规划采用多因子叠加分析的方法确定绿道网络整体规划布局，并进行了沿线居民问卷调查进一步完善规划方案。多因子叠加分析要素包括：绿廊基底条件、山水格局、公共服务吸引元、开敞空间、旅游文化景点、交通设施等。

①绿廊基底分析：明确新绿廊构建的生态基质、斑块和廊道（见图8.11）。

②编织山水、通江达山：连通完善整个片区大的山水格局（见图8.12）。

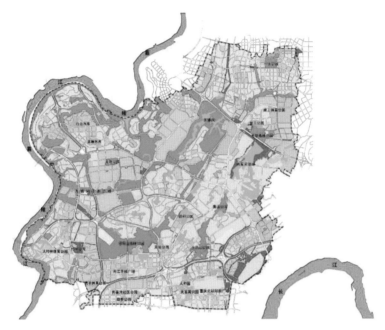

图8.11 城市山体、绿地、水体生态斑块布局图

图8.12 山水格局串联意向图

③公共服务吸引元分布：明确商业服务、学校、医疗卫生、体育、文化设施等公共服务吸引元的空间分布，用绿廊创造沿线新型消费空间和模式（见图 8.13）。

④开敞空间分布：关注重要大型城市开敞空间，如公园绿地、广场、城市阳台、滨江节点等对绿廊的影响（见图 8.14）。

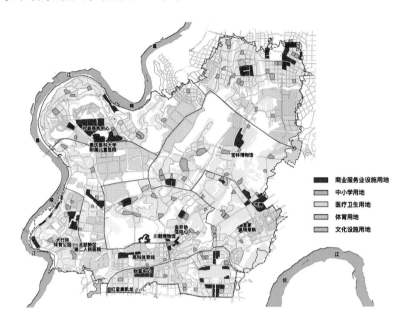

图 8.13　公共服务吸引单元分布图

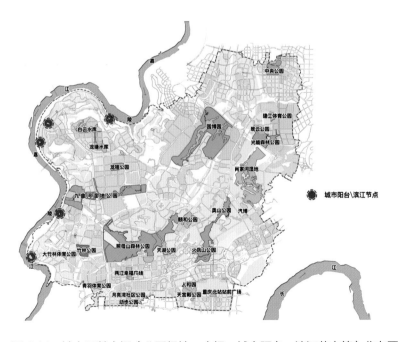

图 8.14　城市开敞空间（公园绿地、广场、城市阳台、滨江节点等）分布图

⑤旅游景点、历史遗产、乡愁文脉分布：旅游景点、历史人文要素和记忆的保留同样重要（见图 8.15）。

⑥公交车站、轨道站点和线路：倡导绿色、健康出行，减轻城市交通压力，注重新绿廊与公交车站和轨道站点的结合，发挥绿廊的慢行交通作用（见图 8.16）。

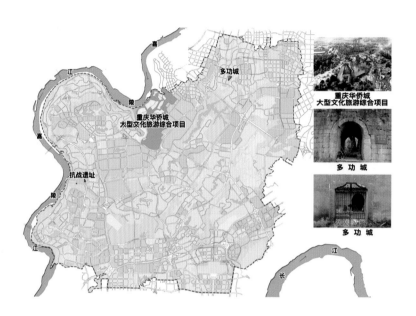

图 8.15　旅游景点、历史遗产、乡愁文脉分布图

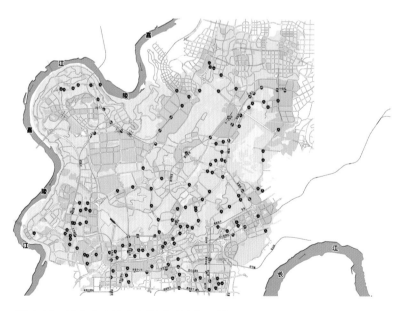

图 8.16　城市公交站点和轨道系统布局图

在众多生态、社会、经济、交通要素的共同影响作用下，新绿廊的走向和框架也逐渐浮现出来（见图 8.17）。

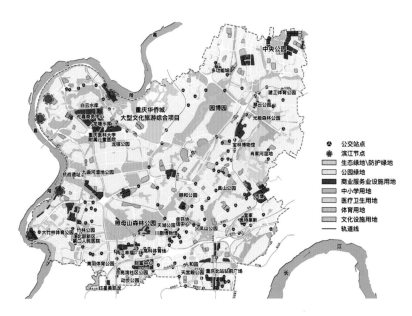

图 8.17　多因子综合叠加分析图

基于多因子叠加分析图，对有意向的城市廊道周边的居民区、工作集聚区进行出行意向问卷调查（见图 8.18），明确出行主体意向，制订更有针对性和导向性的城市绿廊系统。

通过上述两个步骤，初步构建形成两江新区照母山片区绿道骨架网络，形成"八纵十横"骨架网形态（见图 8.19）。

8.2.3　示范线规划设计

1）主线工程设计

目前已经完成了照母山片区范围内两条绿廊示范线设计工作，设计工作包括主线工程设计、过街设施设计、绿道服务设施设计、绿道节点景观设计（见图 8.20、图 8.21）。

①示范线 1：动步公园至照母山公园段，沿线串联动步公园、月亮湾公园、财富中心、财富金融中心、百林公园、幸福广场、两江星汇、照母山公园，总长度约 4.5 km。

②示范线 2：照母山公园至嘉陵江段，沿线串联照母山公园、互联网产业园、大竹林公园、江与城片区等，总长度约 12 km。

③社区级支线：依托主线绿道，利用道路的现状人行道进行改造，覆盖周边主要居住区、办公楼、商业商务区等，总长度约 90 km。

北 部 新 区 绿 道 系 统 规 划 设 计
调 查 问 卷

（您的回答将有助于北部新区绿道规划的科学性和实用性，感谢您的支持！）

绿道： 供行人和骑车者进入的专有道路，如照母山公园步行道

一、个人基本信息

性　别	□男	□女
年龄	□22 岁以下	□22~60 岁 □60 岁以上
工作情况	正常 8 小时上班 □退休 □自由工作者 □学生	
居住地址（是否为北部新区）	□是 □否	
上班地址（是否为北部新区）	□是 □否	

二、绿道信息调查

如上班人员请填写信息 1、2

1. 您平时要多采取何种方式上班？（最多选择 2 项）

□公交车 □私家车 □轻轨 □步行 □出租车

2. 您平时加班次数？

□完全不加班 □一周几次 □一月几次 □一年几次 □几乎每天都加班

3. 您平时逛公园或广场的次数？

□完全不逛公园 □一月 1~8 次（或平均每周 1~2 次） □一月 9~16 次（或平均每周 3~4 次） □一月 17~24 次（或平均每周 5~6 次） □几乎每天都逛

如您选择完全不逛公园或广场，请移至题 15（见后）。

4. 每次使用时间为：

□0.5 小时以下 □0.5~1 小时 □1~2 小时 □2 小时以上

5. 您平时逛公园最多的时间点？（最多选择 2 项）

□周末 □上班中间或下班后 □节日 □平时闲着没事逛

6. 您逛公园或广场的目的是（可多选）

□约会 □陪家人 □锻炼身体 □休闲娱乐 □瘦身减肥 □吃饭

7. 您到达您最常去的公园或广场花费的时间大概是多久？

□5 分钟以内 □5~10 分钟 □11~20 分钟 □20 分钟以上

8. 您平时通过哪种交通方式去公园或广场？（最多两项）

□公交车 □私家车 □轻轨 □出租车 □步行或自行车

9. 如您是走路或骑车去公园或广场，您能忍受的最长路程时间是多久？

□5 分钟以内 □5~10 分钟 □11~20 分钟

10. 如您是乘坐公共交通去公园或广场，从您下站到达公园或广场您能忍受的最长走路时间是多久？

□5 分钟以内 □5~10 分钟 □11~20 分钟

11. 您对您平时使用的人行道或者自行车道满意吗？

□满意 □不满意

12. 您觉得其需要改善的地方有哪些？

□不够宽 □卫生条件 □绿化不够 □安全性不高

13. 您平时逛的最多的公园或广场是哪个？（单选）

□照母山公园 □金山山地公园 □动步公园 □中央公园 □两江幸福广场

14. 您为什么喜欢逛这个公园或广场？

□环境好 □可以走路去 □好停车 □配套设施完善 □离公交站点或轻轨站点近 □有休息座椅 □娱乐休闲去处多

15. 如果您不逛公园，是因为以下什么原因？（最多选择 2 项）

□没时间 □懒得动 □环境不好 □交通不便 □设施不完善

16. 如果现在修建一条专用舒适的人行或自行车道贯穿公园或广场，您愿意使用吗？

□愿意 □不愿意

17. 如您仍不愿意使用，原因是？

□交通不便 □环境不好 □设施不全 □懒得动

18. 您觉得下列哪些是您最关注的？

□遮阳挡雨设施 □绿道配套设施（垃圾桶、公厕、商店等） □休息座椅足够 □自行车租赁点足够 □WiFi □停车问题 □与公交系统衔接 □与住宅小区距离 □娱乐设施是否完备

19. 这条专用的人行或自行车道您偏向的铺装颜色是？

□红色 □绿色 □棕色 □蓝色 □其他＿＿＿＿＿

20. 您认为北部新区绿道应该连接的地方是？（可以多选）

□轻轨站 □公园 □商场 □景点 □大的公交枢纽及站点 □住宅小区 □健身场所 □大型农贸市场

21. 您最希望在哪个片区建设绿道系统？

□人和 □天宫殿 □大竹林 □鸳鸯 □翠云 □礼嘉 □金山 □康关 □其他

22. 如果您要租赁自行车在绿道上骑行，在前一小时免费的前提下您每小时最多愿意花多少钱？

□2 元以下 □2~5 元 □5~10 元

23. 能接受的最长的远足距离（往返）是多远？

步行： □0~2 千米 □2~4 千米 □4 千米以上

骑行： □0~6 千米 □6~20 千米 □20 千米以上

24. 最喜欢哪种类型的自行车骑行路线？（可以多选）

□滨水线路 □山区线路 □城市线路 □郊野线路 □景点线路 □其他＿＿＿＿＿

25. 北部新区绿道建设您觉得最应突出重庆什么特色？（可以多选）

□巴渝风情 □山水城市 □现代都市 □传统古典

26. 如果这条专用的人行或自行车道经过上述完善后，您愿意使用吗？

□愿意 □不愿意

27. 您觉得这条专用的人行或自行车道建成后会对您的生活带来什么影响？

□尝试放弃小汽车选择公共交通或步行 □之前不去公园逛现在尝试去 □平均每周增加 1~2 次去公园或广场 □平均每周增加 2 次以上去公园或广场 □学会骑自行车

图 8.18　两江新区绿廊系统规划设计调查问卷

2）交叉口过街设计

绿道规划建设应将城市道路交叉口的改造纳入规划设计，统筹安排，同步实施。根据实际情况采用立体过街或者平面过街形式。立体过街综合考虑交通需求与城市景观需求，采用具有景观性的人行廊道、天桥、地下通道实现过街功能（见图 8.22~8.24）。平面过街通过对城市道路交叉口进行改造，并设置斑马线、过街信号灯、限速设施、安全护栏、安全岛或斜道口等设施，保证出行安全通过（见图 8.25）。

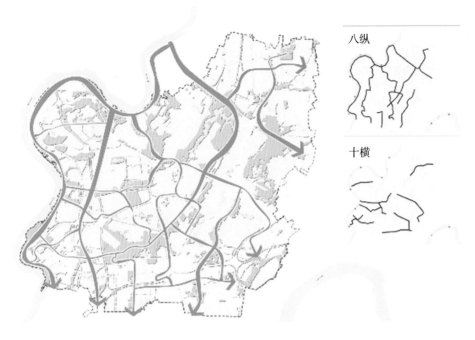

图 8.19　照母山片区规划绿廊总体结构（八纵、十横）

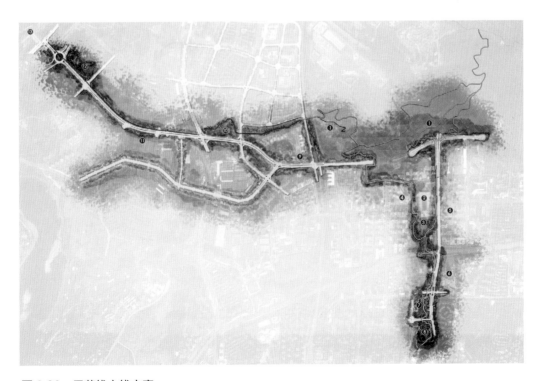

图 8.20　示范线主线方案

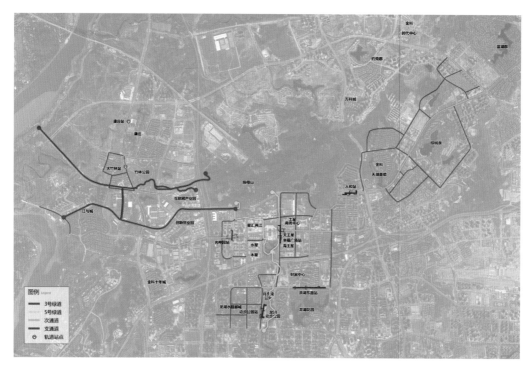

图 8.21　示范线社区级支线方案

图 8.22　动步公园与月亮湾公园过街天桥

图 8.23　财富中心过街天桥

图 8.24　百林公园过街天桥

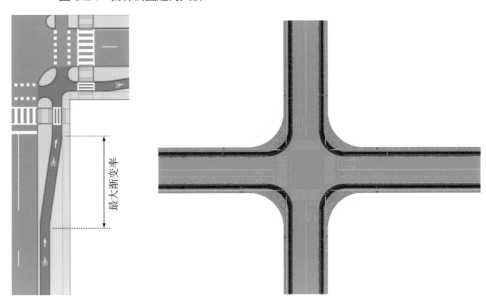

图 8.25　社区步道交叉口改造示意图

交叉口平面过街设施的设计考虑了以下原则：

①连续性：设置专用的过街自行车道，可通过交叉口自行车道与路段步道采用相同铺装，加强步道过街的连续性。

②便捷性：三面坡的改造，方便自行车在交叉口处上下。三面坡的缘石坡道需与交叉口自行车道相接。当三面坡开口较大时，需设置矮隔离桩，防止机动车通过三面坡上下人行道。

③安全性：信号灯交叉口，需设置非机动车信号。无信号交叉口，通过标志、标线等交安设施保障过街安全。

3）交通接驳设计

（1）公共交通系统衔接

将 2 km 范围内绿道所经过的轨道交通站点和 500 m 范围内上下客流量超过 1 000 人次 / 日的公交停靠站与绿道衔接。根据统计，本项目范围内规划或在建轨道交通站点 5 个，可设置换乘点的公交站 12 个（见图 8.26）。

图 8.26 社区步道接驳设施布局图

（2）公共停车场衔接

绿道系统中除必要的维护管理、消防、医疗、应急救助用车外，原则上应避免游客驾驶机动车进入。机动车停车场尽可能利用绿道附近现有公共停车场，避免大规模新建停车场。根据《重庆北部新区公共停车场专项规划》，结合步道网络覆盖，步道可接驳公共停车场 3 个。

（3）公共自行车租赁系统

根据社区绿道布局、轨道站点和公交站点布局以及绿道周边的公共服务设施布局，总共布局 15 个公共自行车租赁点，公共自行车租赁点单个自行车停车位（垂直式）设计尺寸为 1 750 mm（长）×750 mm（宽）、通道宽度为 1 000 mm，租赁服务终端设计尺寸 1 750 mm（长）×1 000 mm（宽），并与监控设备保持 600 mm 的安全距离（见图 8.27）。

4）景观及附属设施设计

绿道沿线共设计了 7 个主要景观节点，设计内容包括节点景观设计、沿线驿站、标识系统、电力通信、安防监控、铺装种植、灯光音响等设施设计（见图 8.28~8.31）。

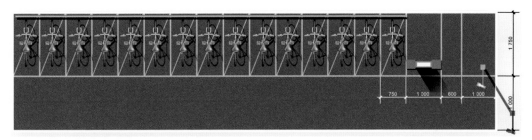

图 8.27 公共自行车租赁点设计尺寸示意图

图 8.28 示范线景观节点设计

111

图 8.29　示范线驿站布局

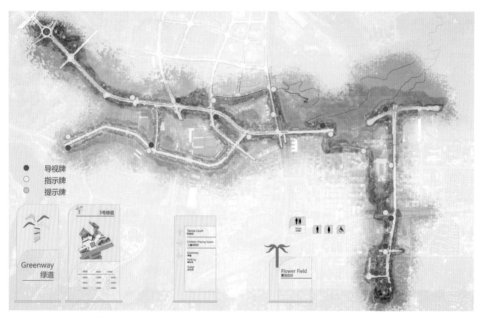

图 8.30　示范线指示系统

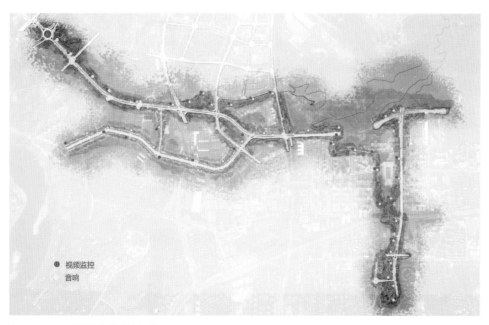

视频监控
音响

图 8.31　示范线安防监控系统

8.2.4　后续思考

1）加强绿道附属设施的完善

在绿道设计、建设中，要注重绿道设施的完善。充分结合当地地形及城市本底特征进行弹性规划，设计中始终重视附属服务设施及景观设计，包括信息系统、休息设施、照明设施、急救设施在内的一系列配套设施。

对绿道长度、断面及交通节点处理进行合理的控制。步行者对步行环境不发生抵抗的最大距离为 400 m，时间约为 5 min，借助于舒适的道路铺装与路旁绿化，休息设施及良好的视景，多样的空间穿插形成连续的对比，抵抗距离可适当延伸，所以 2 km 以内是一段连续绿廊的适宜长度；要保证绿道有合理的断面和线型，结合建筑和场地进行灵活设计，但总宽度宜控制在 15~20 m，以保证适宜的绿化量以及行人和自行车交通的顺畅。

2）处理好绿道与城市道路的关系，强化道路交通衔接系统和换乘系统

道路交通衔接系统主要有接驳与衔接设施，包括高架桥、地道、街道设施、平交路面涂装等，实现绿道与城市道路交通的有机衔接，提高绿道的通达性。换乘系统主要提供自行车租赁、停车等服务，实现绿道与公共交通、轨道交通、客运枢纽的有机、高效接驳（见图 8.32）。

3）完善绿地系统规划

城市在绿地系统布局时应充分结合自然地形和城市功能布局，强化城市绿色廊道，

规划预留一定宽度的绿化带，充分考虑城市生活中心，在生活区中心结合绿化带设置中心绿化公园，将学校、医院、广场、商业中心、文体中心等重要的公共设施、公共空间布局于绿化中心和绿化带周边，有机串联，形成点、线结合的完善的绿地系统，为独立步行、自行车系统的设置创造条件。

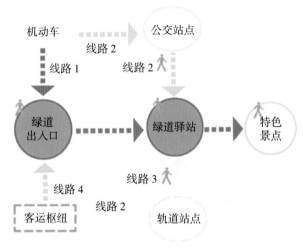

图 8.32　规划结构分级组织图

4）在上位规划层面预留绿廊设置条件

城市绿廊往往具有建设难度大、串联节点繁多、建设形式多样、交通系统衔接复杂等特点。究其客观原因，是由城市自身公共空间建设现状所决定的。在上位规划中，基于完善的绿地系统规划，预留绿廊设置条件，如对道路分幅设置提出要求，满足城市绿廊、社区绿廊设置要求，在有条件的通道上做充分预留，同时在详细规划层面应予以落实。

第9章　欢迎来到枢纽

综合交通枢纽数量的增长是中国未来交通系统发展过程中的一个突出特征。伴随着综合交通枢纽数量的锐增，枢纽的客流规模也将持续膨胀。与此同时，乘客对交通出行环境、出行质量有着越来越高的要求。随着"以人为本"落实到设计生产的第一线，城市综合交通枢纽的规划设计面临着巨大的挑战。

国家发改委于 2013 年 3 月 7 日印发了《促进综合交通枢纽发展的指导意见》，对中国目前综合交通枢纽设计和建设中所存在的关键问题进行了总结，其中包括规划设计不统一、建设时序不同步、运营管理不协调、方式衔接不顺畅等问题。

在枢纽建筑设计过程中，建筑师往往没有从城市规划和交通规划角度来充分考虑枢纽在城市发展中的功能定位，对枢纽的"多种交通方式换乘衔接，且具有较高瞬时人流和车流密度"的特点掌握不准确，缺乏严谨科学的分析手段而导致无法实现枢纽内部简单、清晰、快捷的交通流线，无法使乘客获得"无缝换乘"的高品质感受。同时，没有充分认识枢纽作为交通建筑体的功能特性，使得枢纽各个功能区(公交、长途、停车库等)的等级和规模不合理，整体布局不合理，导致在投入使用后车行交通出入衔接不顺畅，枢纽内部行人换乘不便捷，人行和车行设施规模不合理(导致交通瓶颈、安全性差或者投资浪费)等一系列的问题，枢纽无法充分发挥应有的"枢纽对外集散便捷、枢纽内部衔接顺畅，带动周边经济发展"的作用。

本章以重庆西站、黄山北站为例，探讨枢纽的交通规划设计。借助国际先进的车行、人行微观仿真软件对不同规划设计方案进行深入测试、评估和优化，充分确保枢纽规划设计的实用性、前瞻性以及投资合理性，使其成为城市亮点和门户名片，发挥其良好的社会效益、经济效益和环境效益。

9.1 重庆西站城市综合体交通规划设计

9.1.1 项目概况

根据重庆市城乡总体规划和重庆铁路枢纽总体规划，主城区内部规划"三个主客运站系统"，形成重庆、重庆北、重庆西三站格局（见图 9.1）。三站按照方向分工：重庆站办理成渝城际的客车作业；重庆北站办理东西方向，即遂渝、渝怀、渝利、渝万城际的始发终到及往东的直通客车；重庆西站办理南北方向，即兰渝、襄渝、渝黔、

图 9.1　重庆铁路枢纽总体规划布局

表 9.1　重庆铁路枢纽功能定位

客运站	重庆站	重庆北站	重庆西站
规划功能	成渝客专	遂渝、渝怀、渝利、渝万城际的始发终到及往东的直通客车	兰渝、渝湘、渝黔、渝昆、成渝的始发终到及往南的直通客车
车站定位	城际交通功能	集城际、客专、普客的综合客运功能	集客专、普客的综合客运功能

渝昆、成渝的始发终到及往南的直通客车（见表 9.1）。

重庆西站位于重庆市沙坪坝区，在既有重庆西站的站址上新建重庆西站，建设用地约 440 亩（1 亩 ≈ 666.67 m²），站场规模 31 站台面（16 站台）37 线，站房综合楼总建筑面积控制在 120 000 m²（见图 9.2、图 9.3）。2030 年，重庆西站年旅客发送量预计为 4 128 万人次，高峰小时旅客发送量为 15 010 人次 /h，是集铁路、长途、城市轨道、公交、出租车和社会车等各种交通方式为一体的客运综合交通枢纽。

重庆西站城市综合体包含两部分功能，即综合换乘枢纽功能与周边用地综合开发功能。

1）综合换乘枢纽功能

重庆西站综合换乘枢纽由铁路、长途客运、城市轨道、常规公交、出租车和社会车等多种交通方式构成。综合换乘枢纽各种交通方式主要为对外铁路客运换乘服务，兼顾长途客运和社会停车辅以部分区域服务功能。

①长途客运：以服务铁路接驳为主，主城区换乘设施外移，长途客运将承担部分

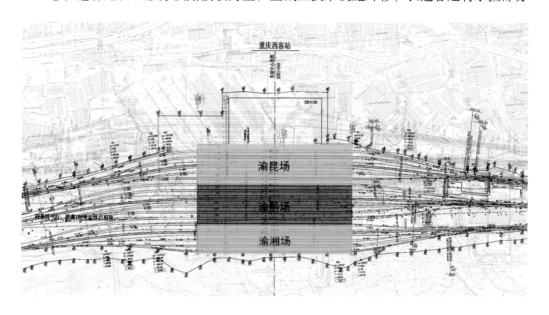

图 9.2　重庆西站站场布置

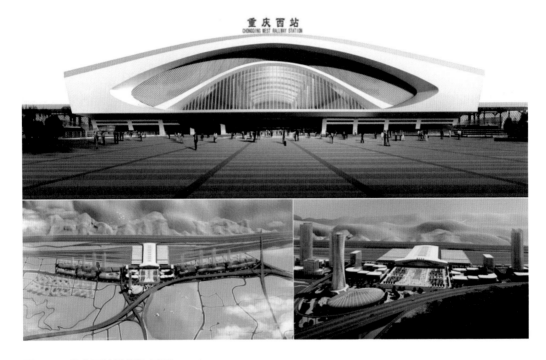

图 9.3   重庆西站站场效果图

区域对外客运功能。

　　②城市轨道：规划 5 号线、环线、远景 12 号线经过西站。轨道交通主要作为对外客运设施接驳功能，同时服务周边综合开发交通需求。

　　③常规公交：无单独场站，仅设置蓄车场，作为接驳铁路重要方式。

　　④出租车：接驳铁路客运为主。

　　⑤社会车：接驳铁路客运，同时服务综合用地开发。

　　2）周边用地综合开发功能

　　在既有重庆西站的站址上新建重庆西站。原重庆西站是重庆铁路枢纽内主要货运站，含站场设施和集装箱货场，周边多为物流、加工企业。而重庆西站站场、枢纽及市政道路建设需拆迁大量现状建筑，为解决西站建设资金综合平衡问题，拟对周边用地进行综合开发，开发方案的开发量为 250 万方。

　　区域骨架路网由成渝高速、火炬大道、新区大道、凤中路、内环快速路、华龙大道、迎宾大道、规划沿山路组成。

9.1.2　方案演化过程

　　西站交通研究历时两年，经过五轮的交通规划设计与评估，完成了枢纽建筑的方案设计和初步设计，并通过各级主管部门的审查与批复，于 2018 年年初建成投用。

1）第一轮：2014 年 3—4 月

本阶段为方案设计阶段的交通规划设计与评估，重点针对建筑方案进行交通组织设计论证并提出改善建议（见表 9.2）。

表 9.2　第一轮建筑方案的评估意见和优化建议汇总

序号	功能区	存在问题	优化建议	必要性
1	停车库	出入口数量为 3 进 2 出，不满足规范要求	修改出入口数至少为 3 进 3 出	☆☆☆☆☆
2		社会车车库道闸数量基本满足需求，但需提高通过效率	采用先缴费后过道闸形式	☆☆☆☆☆
3		车库内未设置租车、社团巴士停靠区域	增设商务租车、社团巴士区域	☆☆☆☆
4	出租车	设置在负二层，空气流通性差、采光不佳	移到负一层，采用半敞开形式	☆☆☆☆
5		上客位采用平行式停车，同时上车的乘客数量受限	上车形式优化为斜停	☆☆☆☆
6	公交、长途	设计的公交车待发车位数不满足需求	优化上下客、待发车位数	☆☆☆☆
7		公交、长途下客车位布置成锯齿式，发车时需要倒车；长途上客位布置成平行式，不利于乘客上车	优化车位布置形式	☆☆☆☆
8	轨道	轨道出站客流与铁路换乘出租车客流的流线之间存在交织；轨道换乘铁路的旅客在站前广场上受日晒雨淋	优化轨道换乘高铁流线	☆☆☆☆☆
9		自动售票排队方向影响负二层主换乘通道的通行	调整自动售票排队方向	☆☆☆☆
10		5 号线与环线共用站厅导致轨道出站客流与铁路换乘出租车的流线之间存在交织	5 号线与环线采用双站厅形式	☆☆☆☆☆
11		5 号线、环线采用同台换乘，容易造成误乘，混淆列车方向	5 号线、环线可为异台换乘	☆☆☆☆
12		5 号线及环线与 12 号线之间的换乘方案为站台—站厅—站厅—站台，换乘距离较远，便捷性较低	增设 5 号线及环线和 12 号线直接换乘通道	☆☆☆

注："☆☆☆☆☆"表示"非常必要"，"☆☆☆☆"表示"比较必要"，"☆☆☆"表示"一般必要"。

2）第二轮：2014 年 5—7 月

本阶段为方案优化设计阶段的交通规划设计与评估，针对上一阶段优化之后的建筑方案进行第二轮的交通组织设计论证并提出改善建议（见表 9.3）。

3）第三轮：2014 年 8 月—2015 年 7 月

本阶段为初步设计阶段的交通规划设计与评估，针对优化之后的建筑方案进行第三轮的交通组织设计论证并提出改善建议（见表 9.4）。

表 9.3 第二轮建筑方案的评估意见和优化建议汇总

序号	设 施	存在问题	优化建议	必要性
1	楼扶梯	铁路出站口直通广场层的楼扶梯大部分为上行需求，下行需求很少	建议铁路出站口直通广场层的电扶梯只保留上行方向	☆☆☆
2		铁路至公交楼扶梯拐角处易形成局部拥堵	调整铁路至公交楼扶梯迎着人流的方向，增加无障碍通道	☆☆☆
3		基于轨道进出站瞬时高峰性，站厅—站台层之间采用4组楼扶梯，饱和度较高	轨道5号线、环线站厅—站台层之间采用6组楼扶梯	☆☆☆☆
4	通道宽度	至2、5号地块通道设计的宽度勉强达到B级服务水平，且通道较长，对于携带行李旅客不便捷	建议适当增加至2号、5号地块人行通道的宽度，并增设电动平移步道	☆☆☆
5	出口通道	连接8号地块地下广场的楼扶梯口未留出通道，不利于快速通过和紧急疏散	建议在连接8号地块地下广场的楼扶梯口留出通道	☆☆☆

注："☆☆☆☆☆"表示"非常必要"，"☆☆☆☆"表示"比较必要"，"☆☆☆"表示"一般必要"。

表 9.4 第三轮建筑方案的评估意见和优化建议汇总

序号	设 施	存在问题	优化建议	必要性
1	车库出入口	进、出流量分布不均导致部分出入口(3、4号)拥堵，部分出入口(1、2号)使用率不高	建议对进口、出口调整整合，对3号进口、1号进口进行整合	☆☆☆☆
2			2号出入口、1号出口等富余出入口调整到通道，节约停车空间	☆☆☆
3	停车库运营管理	停车库规模较大，出口相对较少，且外部路网较复杂，内部流线绕行较大，易造成停车库后期运营管理效率低下	停车场外部设置三级停车诱导系统	☆☆☆☆
4			停车场内部使用智慧停车技术，包括场内车位引导、车位占用显示、反向寻车、自助缴费系统等技术	☆☆☆☆
5	车库交通流线	车库内大小通道的交通流线均为单向通行，造成不必要的绕行	大通道采取单向循环方式，小通道采用双向，减少不必要绕行。可结合智能诱导优化流线	☆☆☆☆
6			主线采用不同颜色的涂层	☆☆☆☆
7			冲突区域采取优先权让行原则，次通道让主通道。设置让行标线，必要时可在次通道设置强制减速条	☆☆☆☆
8	轨道区域至负一层楼扶梯	鉴于瞬时高峰小时上、下行人流量不对等，上行楼梯数量较紧张，下行较富余	可调整上、下行扶梯的比例，无需对称设置	☆☆☆

续表

序号	设施	存在问题	优化建议	必要性
9	枢纽内部标识系统	原方案中所有关于"地下停车场"的标识均未提供停车分区等附属信息	关于"地下停车场"的标识增加停车场楼层分区信息（如 1A、2C）	☆☆☆☆☆
10		原方案中所有关于"自动售票"的标识均未表达"该自动售票为轻轨自动售票系统"的信息	建议在"自动售票"标识上增加轻轨(LRT)标识	☆☆☆☆☆
11		通过对原方案中所有标识进行英文翻译校对，发现了2处拼写错误	"轻轨"的英文翻译为"LRT"，"地下"的英文翻译应改为"Underground"	☆☆☆☆☆
12		负二层出站分配大厅标识缺失	建议完善负二层出站分配大厅标识，以及2号、8号地块诱导	☆☆☆☆☆

注："☆☆☆☆☆"表示"非常必要"，"☆☆☆☆"表示"比较必要"，"☆☆☆"表示"一般必要"。

4）第四轮：2015 年 5—9 月

本阶段为初步设计优化阶段的交通规划设计与评估，针对优化之后的建筑方案进行第四轮的交通组织设计论证并提出改善建议（见表 9.5）。

表 9.5　第四轮建筑方案的评估意见和优化建议汇总

序号	设施	存在问题	优化建议	必要性
1	社会车停车位	第四轮方案中社会车停车位供给不能满足需求，缺口约为1 900个	建议新增一层（负三层）用于社会车停车，或通过与周边地块（如2、5号地块）商业共享车位或车库连通解决供需矛盾	☆☆☆☆☆
2	人行垂直交通(负二层、负三层之间)	缺少高铁直达负三层停车库的楼扶梯	建议增加高铁直达负三层停车库的楼扶梯	☆☆☆
3	人行垂直交通(高铁出站层至广场层)	高铁出站人流至广场层流线较不便捷	建议提高高铁出站人流至广场层流线的便捷性（如增设核心筒）	☆☆☆☆
4	人行平面交通(负一层)	长途进/出站、公交进/出站人流在3组楼扶梯存在一定交织	长途进/出站、公交进/出站通道分开设置。优化公交楼扶梯的布置（位置和摆放方向）；优化长途出站楼扶梯的摆放方向为面向人流来向	☆☆☆☆
5	人行平面交通(负二层)	高铁至出租车人流与轨道出站人流存在交织、对冲问题	高铁至出租车客流移至轨道物业用房两侧通行，避免与轨道出站客流冲突	☆☆☆

注："☆☆☆☆☆"表示"非常必要"，"☆☆☆☆"表示"比较必要"，"☆☆☆"表示"一般必要"。

5）第五轮：2015 年 10 月—2016 年 4 月

本阶段为初步设计优化阶段的交通规划设计与评估。通过前四轮建筑方案的交通评估与优化（第一轮、第二轮、第三轮、第四轮方案优化建议的采纳率分别为 60%、80%、60%、60%），并且在 2016 年 1—4 月期间进行多次的论证、修改、完善，重点研究了核心筒及轨道站厅两侧楼扶梯的规模，车库内外部交通指引和诱导管理，车库内部交通组织原则、相关设施规模（社会车停车位供给、道闸规模、垂直电梯覆盖率）等方案，并针对相应问题提出了优化建议，反馈给建筑师进行修改完善，最终形成了第五轮建筑方案（即初设报批方案）。

通过与第四轮方案的对比分析，发现第五轮方案在局部设计细节（核心筒、车库道闸、停车位供给及内部交通组织等）上进行了优化，满足交通功能和服务水平要求，更加安全、便捷、舒适，体现了更高的人性化水平。第五轮枢纽建筑方案（即初设报批方案）的运行情况趋于最优。

9.1.3 换乘需求

1）客流预测

预测年限为 2030 年，高峰小时系数取 0.12，设计安全系数取 1.5(设计安全系数为设计日发送旅客量/年平均日发送旅客量，一般取 1.1~1.5，项目取 1.5)。对 2030 年西站枢纽（含综合体开发）"大交通"（铁路和长途客运作为中长途对外运输方式）和"小交通"（枢纽区域通过西站实现市内不同交通方式的换乘）的出行需求和客流时变特征展开预测。

以铁路和长途客运作为中长途对外运输方式的"大交通"旅客量级换乘量根据重庆西站预测发送量确定（见表 9.6 ~ 9.8）。重庆西站周边区域综合体开发用地按 250 万方进行预测（见表 9.9、表 9.10），地块居住人口约 29 860 人，就业岗位约 70 500 个。

2）综合换乘需求矩阵

汇总"大交通"（城市对外运输）和"小交通"（综合体开发市内交通换乘）换乘需求矩阵，得到 2030 年综合换乘需求矩阵（见表 9.11、表 9.12）。

表 9.6　2030 年早、晚高峰小时铁路、长途旅客到发量

单位：人次 /h

	早高峰小时		晚高峰小时	
	发送量	到达量	发送量	到达量
铁路	15 010	9 006	9 606	14 410
长途	2 551	1 530	1 633	2 448

表 9.7　2030 年早高峰小时铁路及长途客运换乘需求矩阵

单位：人次 /h

交通方式	铁　路	长途客运	轨　道	公　交	出租车	小汽车	步行 (物业)	总计
铁路	0	666	3 719	2 107	1 180	1 315	18	9 006
长途客运	1 111	0	187	106	59	66	1	1 530
轨道	6 199	840	—	—	—	—	—	—
公交	3 512	476	—	—	—	—	—	—
出租车	1 966	267	—	—	—	—	—	—
小汽车	2 191	297	—	—	—	—	—	—
步行 (物业)	30	4	—	—	—	—	—	—
总　计	15 010	2 551	—	—	—	—	—	—

表 9.8　2030 年晚高峰小时铁路及长途客运换乘需求矩阵

单位：人次 /h

交通方式	铁　路	长途客运	轨　道	公　交	出租车	小汽车	步行 (物业)	总计
铁路	0	1 066	5 951	3 372	1 888	2 104	29	14 410
长途客运	711	0	775	439	246	274	4	2 449
轨道	3 967	253	—	—	—	—	—	—
公交	2 248	143	—	—	—	—	—	—
出租车	1 258	80	—	—	—	—	—	—
小汽车	1 402	89	—	—	—	—	—	—
步行 (物业)	19	1	—	—	—	—	—	—
总　计	9 606	1 633	—	—	—	—	—	—

表 9.9　2030 年早高峰小时枢纽区域"小交通"换乘需求矩阵

单位：人次 /h

交通方式	铁　路	长途客运	轨　道	公　交	出租车	小汽车	步行 (物业)	总计
铁路	—	—	—	—	—	—	—	—
长途客运	—	—	—	—	—	—	—	—
轨道	—	—	—	2 273	568	568	2 273	5 682
公交	—	—	560	—	—	—	1 360	—
出租车	—	—	140	—	—	—	326	—
小汽车	—	—	140	—	—	—	544	—
步行 (物业)	—	—	560	340	82	136	—	—
总　计	—	—	1 400	—	—	—	—	—

表 9.10　2030 年晚高峰小时枢纽区域"小交通"换乘需求矩阵

单位：人次 /h

交通方式	铁路	长途客运	轨道	公交	出租车	小汽车	步行（物业）	总计
铁路	—	—	—	—	—	—	—	—
长途客运	—	—	—	—	—	—	—	—
轨道	—	—	—	1 679	420	420	1 679	4 197
公交	—	—	2 518	—	—	—	1 007	
出租车	—	—	630	—	—	—	242	
小汽车	—	—	630	—	—	—	403	
步行（物业）	—	—	2 518	1 511	363	604	—	
总计	—	—	6 295	—	—	—	—	—

表 9.11　2030 年早高峰小时西站综合换乘需求矩阵

单位：人次 /h

交通方式	铁路	长途客运	轨道	公交	出租车	小汽车	步行（物业）	总计
铁路	0	666	3 719	2 107	1 180	1 315	18	9 006
长途客运	1 111	0	187	106	59	66	1	1 530
轨道	6 199	840	0	2 273	568	568	2 273	12 721
公交	3 512	476	560	0	0	0	1 360	5 908
出租车	1 966	267	140	0	0	0	326	2 699
小汽车	2 191	297	140	0	0	0	544	3 172
步行（物业）	30	4	560	340	82	136	0	1 152
总计	15 010	2 551	5 306	4 826	1 889	2 085	4 522	36 187

表 9.12　2030 年晚高峰小时西站综合换乘需求矩阵

单位：人次 /h

交通方式	铁路	长途客运	轨道	公交	出租车	小汽车	步行（物业）	总计
铁路	0	1 066	5 951	3 372	1 888	2 104	29	14 410
长途客运	711	0	775	439	246	274	4	2 449
轨道	3 967	253	0	1 679	420	420	1 679	8 418
公交	2 248	143	2 518	0	0	0	1 007	5 916
出租车	1 258	80	630	0	0	0	242	2 210
小汽车	1 402	89	630	0	0	0	403	2 524
步行（物业）	19	1	2 518	1 511	363	604	0	5 016
总计	9 605	1 632	13 022	7 001	2 917	3 402	3 364	40 943

由表 9.11、表 9.12 可以得到如下结论：

①轨道交通与常规公交在铁路客流的快速有效集散中承担着主要作用；同时，长途客运作为干线运输方式对扩大枢纽辐射范围和提高旅客出行便捷性具有重要意义；此外，为满足旅客出行要求的多样性，出租车和社会车参与枢纽内旅客换乘不可或缺。

②最不利的情况为晚高峰，后面多轮的评估与优化将基于晚高峰小时的换乘需求矩阵展开工作。

由换乘需求表可知，西站枢纽内部共有 36 对 OD 对，即 36 条换乘流线，其中，换乘量大于 500 人次的有 20 条换乘流线，即：

a. 高铁⇔长途、轨道、公交车、出租车、小汽车（10 条）；

b. 轨道⇨公交车、物业（2 条）；

c. 长途、公交车、出租车、小汽车、物业⇨轨道（5 条）；

d. 物业⇨公交车、小汽车（2 条）；

e. 公交车⇨物业（1 条）。

可归纳总结为以下三大类流线，本项目将重点对这三类流线进行评估与优化：

a. 高铁进、出站流线；

b. 轨道进、出站流线；

c. 物业产生、吸引流线。

9.1.4　枢纽功能布置

重庆西站各功能区布局、设施规模和设计方案如下（见表 9.13）：

负一层主要功能为长途车区(售票、候车、办公管理及上下客区)、公交车上下客区、综合换乘通道区、社会车停车库等。

负二层主要功能为高铁出站层、地铁站厅层、商业及综合换乘大厅、社会车停车库。

负三层主要功能为社会车停车库。

表 9.13　初设报批方案中各功能区布局、设施规模和设计方案总结

名　称	所在楼层	设施名称	设计方案
社会车停车库	负一层、负二层、负三层	停车位	地面层 127 个，负一层 636 个，负二层 1 819 个，负三层 1 170 个，共计 3 752 个
		出入口	地下车库：3 个出入口，1 个单进口，1 个单出口 地面停车：1 个出入口，1 个单进口，1 个单出口
		道闸	1 号入口：8 个　　1 号出口：8 个 2 号入口：2 个　　2 号出口：2 个 3 号入口：1 个　　3 号出口：1 个 4 号入口：2 个　　4 号出口：2 个
社会车库交通流线	负一层、负二层、负三层	即社会车库内部交通组织	大通道采用逆时针循环，小通道采用双向

续表

名　称	所在楼层	设施名称	设计方案
车道边	高架层	车道边	车道边单侧长 350 m、两侧共 700 m，宽 20 m
公交车区域	负一层	下客区	4 个下客位，平行式停车
		上客区	16 个上客位，平行式停车
长途车区域	负一层	下客区	4 个下客位，平行式停车
		上客区	28 个上客位，垂直式停车
		待发区	32 个待发车位，垂直式停车
轨道区域	负二层、负三层	自动售票机	面向西侧布置，面向人流方向，且排队不影响通道通行
		进站闸机	23 个进站闸机
		出站闸机	56 个出站闸机
		站厅—站台层之间楼扶梯	6 组楼扶梯，舒适度较高
		负二层轨道区域—负一层、地面层之间楼扶梯	4 组楼扶梯 + 共用 2 个核心筒
出租车区域	负二层	上客区	70 个上客位，平行式停车
		蓄车区	80 个蓄车位，平行式停车
负二层交通流线	负二层	即出站层流线	高铁客流与公交、长途、社会车、轨道、出租车之间换乘流线
楼扶梯	负三层—负二层	轨道站台层—站厅层之间楼扶梯	6 组楼扶梯
	负二层—负一层	高铁—公交之间换乘楼扶梯	1 组楼扶梯
	负二层—负一层	高铁—长途之间换乘楼扶梯	1 组楼扶梯
	负二层—负一层—地面层	2 个公用核心筒	每个核心筒由 4 部扶梯、2 部直梯、2 座楼梯构成
	负二层—负一层—地面层	轨道至高铁、长途、公交、社会车、步行（物业）的楼扶梯	4 组楼扶梯
	负二层—负一层	负一层至出租车的楼扶梯	2 组楼扶梯
	负二层—负一层—地面层	负二层社会车停车库与负一层、地面层物业开发之间的楼扶梯	4 组楼扶梯
	负一层—地面层	公交—高铁、步行（物业）之间的楼扶梯	1 组楼扶梯
	负一层—地面层	长途—高铁、步行（物业）之间的楼扶梯	1 组楼扶梯
	负一层—地面层	8 号地块—地面层之间以及地面层（步行/物业开发）至出租车的楼扶梯	2 组楼扶梯
	负三层—负二层—负一层	社会停车库内部楼扶梯	50 m 半径，步行约 0.5 min，覆盖率 100%
通道	地面三层	枢纽至 2、5 号地块的通道	空中连廊
	地面层、负一层	地面层、负一层与 8 号地块之间的广场通道	在广场楼扶梯口留出通道，方便不停留的行人快速通过
枢纽内部标识系统	全部	枢纽内部标识	详见铁二院初设方案

9.1.5　交通组织设计

1）人行交通组织流线

基于第五轮建筑方案（即初设报批方案），对高铁进/出站、轨道进/出站、物业产生/吸引等人行交通组织流线进行分析（见图9.4～9.10），并将上述流线汇总、叠加，得到枢纽内部人行换乘总流线（见图9.11）。可见枢纽内部各层人行换乘流线均比较清晰、简单，运行情况良好。

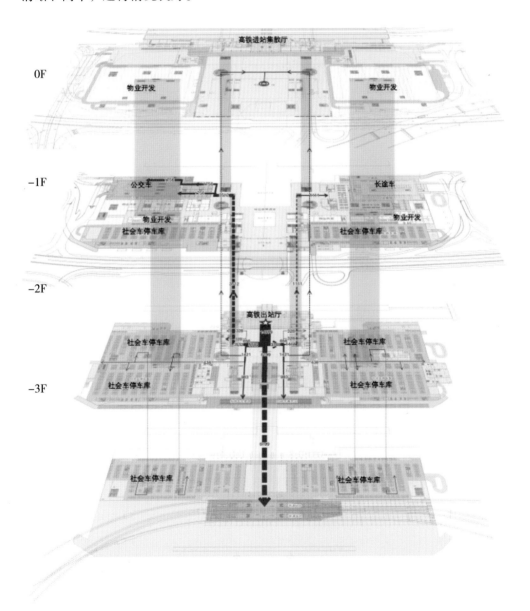

图 9.4　高铁出站人流主要交通组织流线

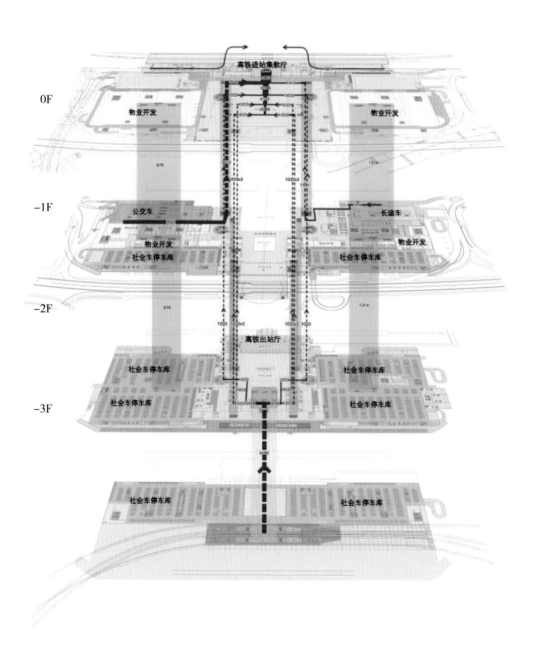

图 9.5 高铁进站人流主要交通组织流线

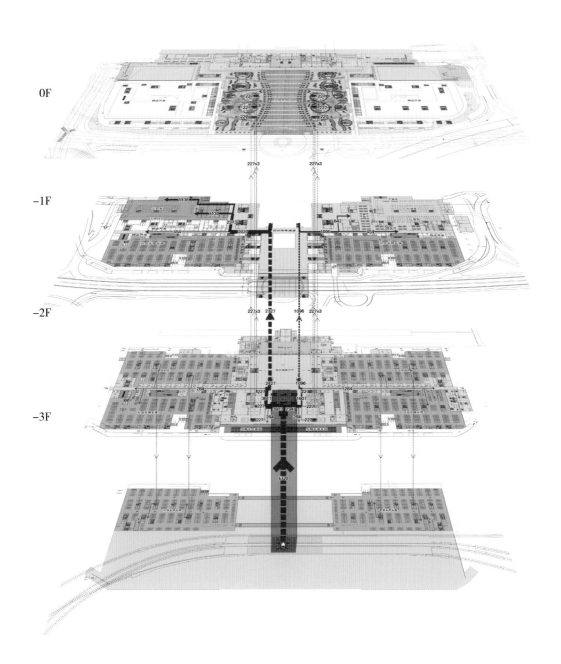

0F

−1F

−2F

−3F

图 9.6　轨道出站人流主要交通组织流线

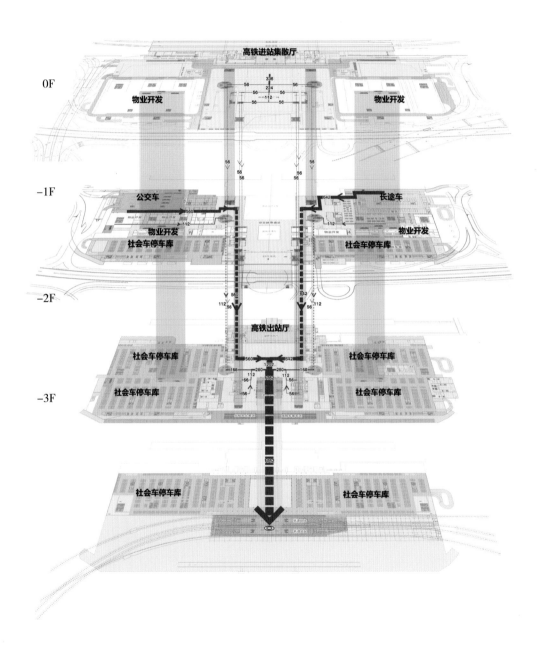

图 9.7　轨道进站人流主要交通组织流线

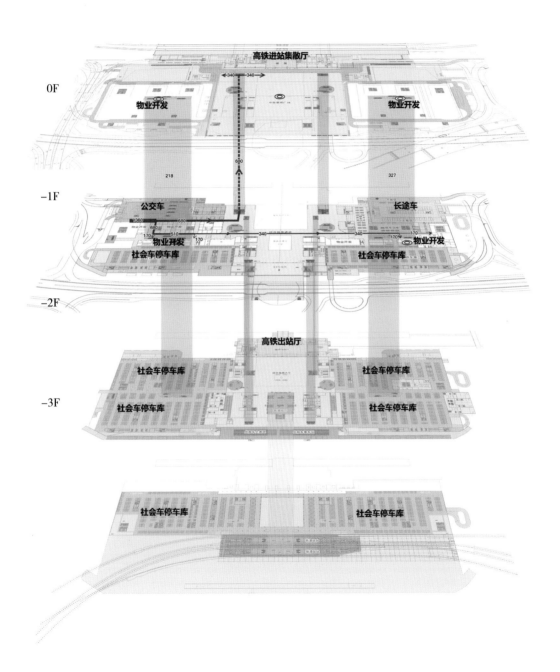

图 9.8　公交至物业人流交通组织流线

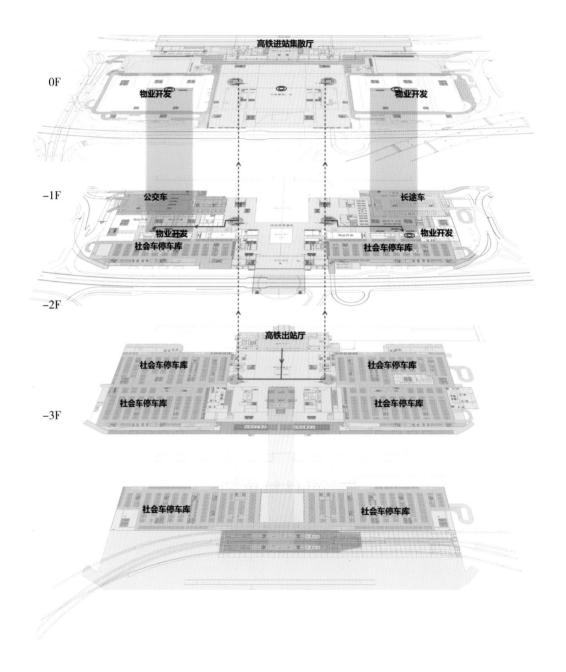

图 9.9　高铁（候车、出站）至物业人流（派生性需求）交通组织流线

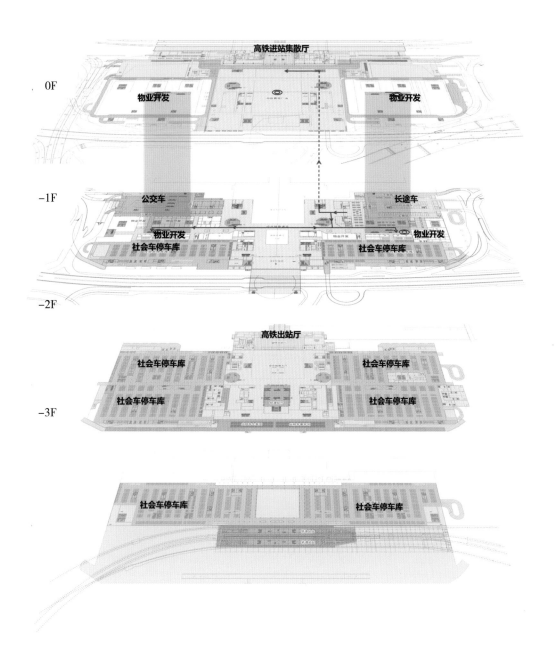

图 9.10　长途 (候车、出站) 至物业人流 (派生性需求) 交通组织流线

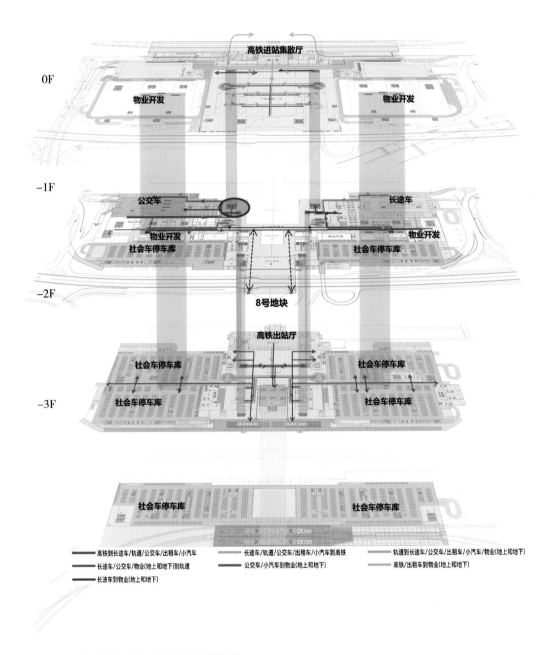

图 9.11　枢纽内部人行交通组织流线汇总

2）车行交通组织流线

车库共包含 4 个出入口，其中 1 号出入口的进口和出口分开设置，分别位于站前广场的西南角和东南角，2 号、3 号和 4 号的进口和出口合并设置，分别位于站前广场的东北角、南部和西北角（见图 9.12）。

基于第五轮建筑方案（即初设报批方案），分析了从车库 1—4 号出入口以及地面物业开发停车出入口驶入、驶离各停车分区的社会车车行交通组织流线（见图 9.13 ~ 9.21），并且梳理了长途车、公交车、出租车车行交通组织流线（见图 9.22）。通过分析可知，各出入口至各停车分区的流线可达，且联系通道确保各停车分区之间转换便捷。

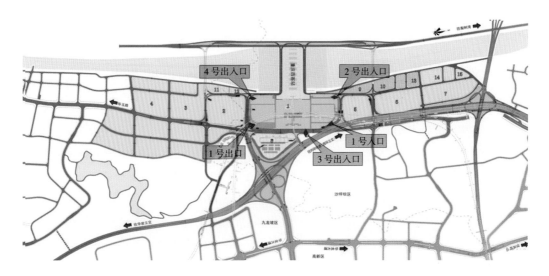

图 9.12 车库出入口布局

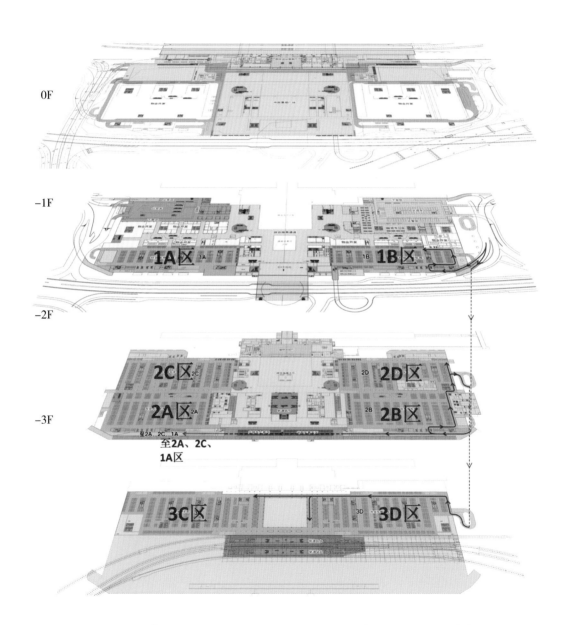

图 9.13　1 号入口驶入［1B 区、2B 区、2D 区、3D 区、3C 区（2A、2C、1A 区）］车行流线

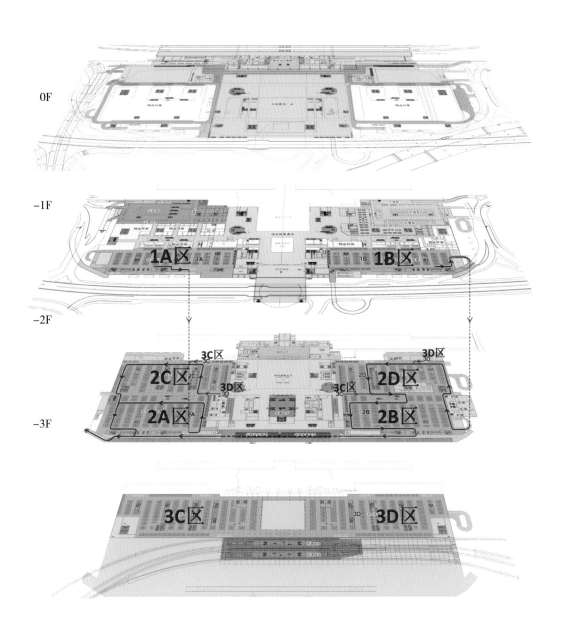

图 9.14　1 号出口驶离［1A 区、2A 区、2C 区、1B 区、2B 区、2D 区（3C、3D 区）］车行流线

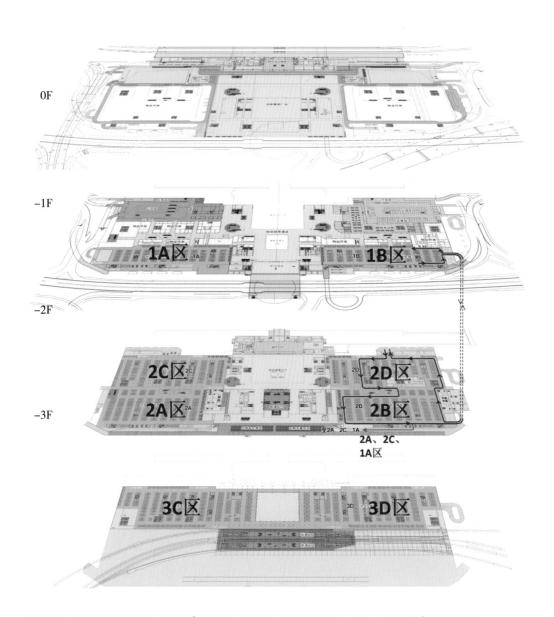

图 9.15　2 号出入口驶入、驶离 [1B 区、2B 区、2D 区（2A、2C、1A 区）] 车行流线

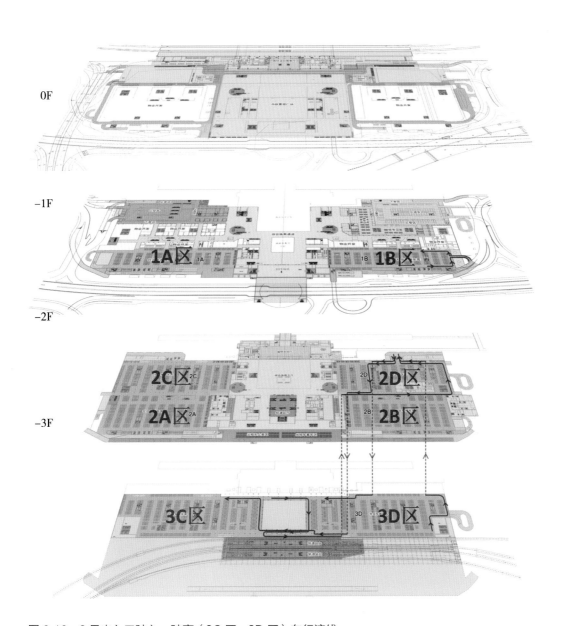

图 9.16　2 号出入口驶入、驶离（3C 区、3D 区）车行流线

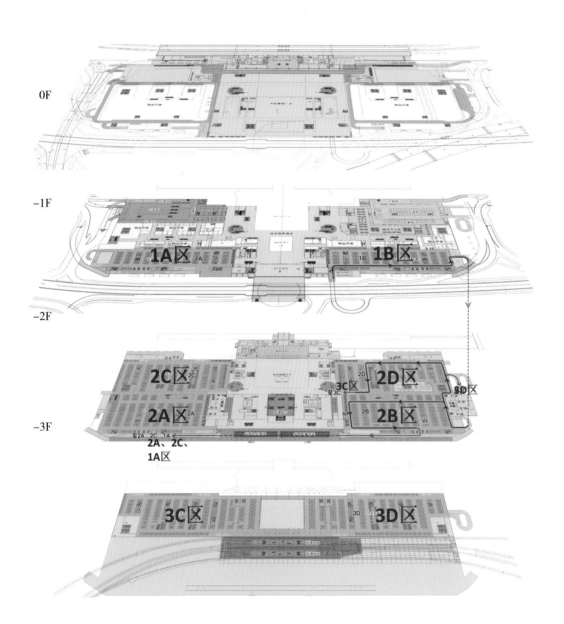

图 9.17　3 号出入口驶入、驶离 [1B 区、2B 区、2D 区（2A、2C、1A、3D、3C 区）] 车行流线

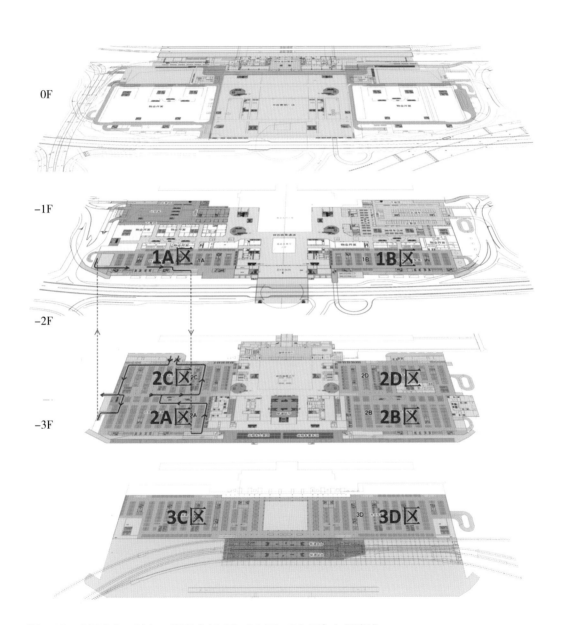

图 9.18　4 号出入口驶入、驶离（1A 区、2A 区、2C 区）车行流线

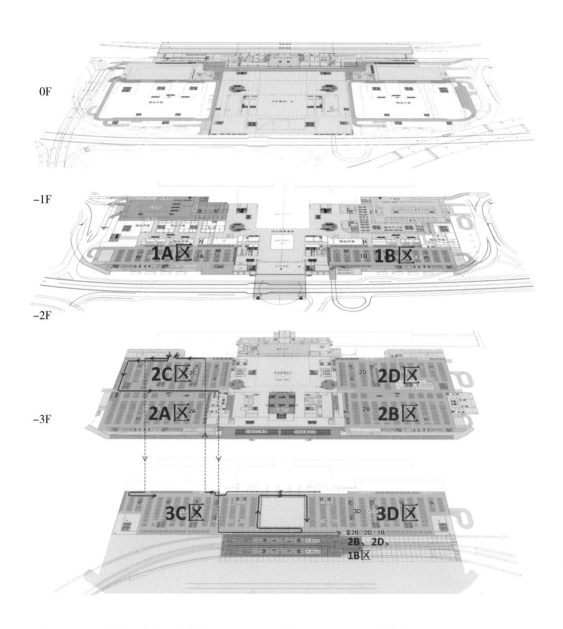

图 9.19　4 号出入口驶入、驶离［3C 区、3D 区（2B、2D、1B 区）］车行流线

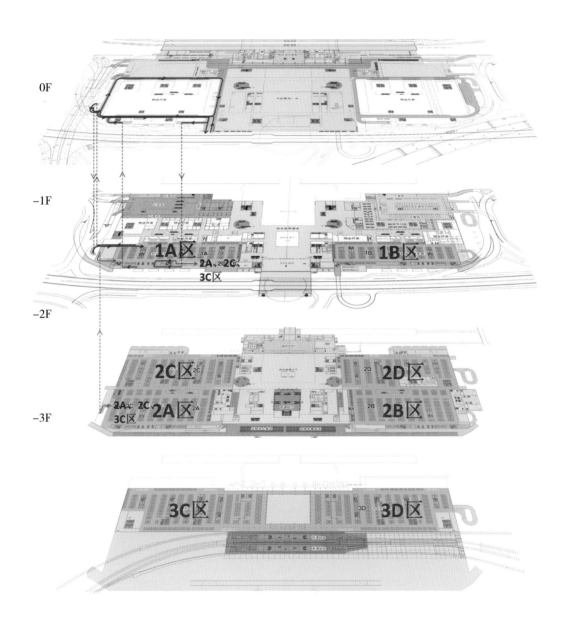

图 9.20 地面物业开发 1 号出入口驶入、驶离［1A 区（2A、2C、3C 区）］车行流线

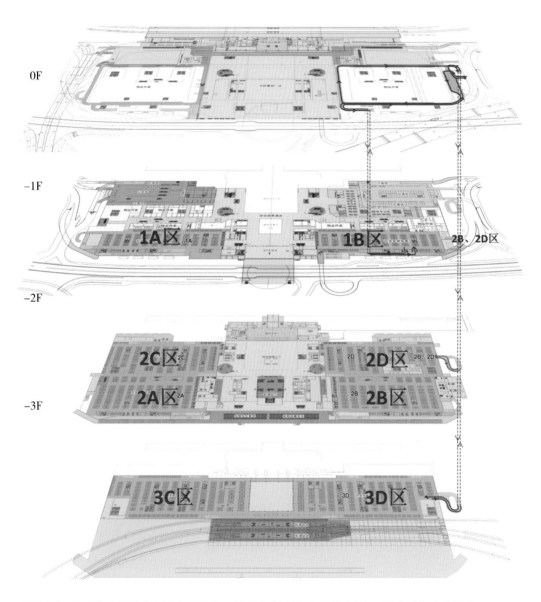

图 9.21　地面物业开发 2 号出入口驶入、驶离［1B 区、3D 区（2B、2D 区）］车行流线

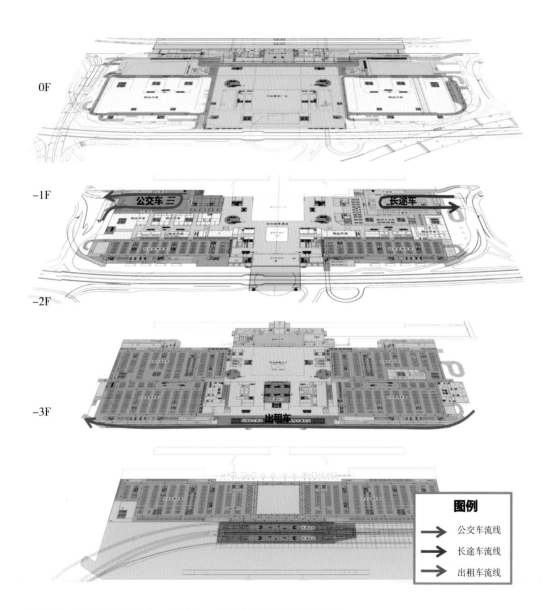

图 9.22　枢纽内部公交车、长途车、出租车车行交通组织流线

9.2 黄山高铁北站交通规划设计

9.2.1 项目概况

黄山高铁北站位于黄山市高铁新区核心区,区位条件优越(见图9.23)。南至老城区、屯溪老街,东至"歙砚之乡"歙县,北至黄山风景区,西至"第一状元县"休宁。黄山北站是京福铁路、黄杭铁路、皖赣铁路的交汇点,将成为以铁路客运线为核心,集高铁、轨道交通、旅游集散、公路客运、城市公交、出租、社会车辆等多种交通方式于一体,服务黄山市域并辐射浙、赣边境地区的区域综合交通枢纽和旅游集散中心。

铁路站场规模按16座站台面22线设计,站房建筑总面积按40 000 m² 进行设计(见图9.24)。功能布局分为3个层面:广场地面层(包括出站层、旅游服务中心)、站台层和进站层。旅客流线采用天桥进站、地道出站模式。预计2030年年发送旅客量约3 000万人,最高聚集人数约8 000人。

黄山高铁北站作为多种运输方式为一体的城市综合交通换乘枢纽,为提高站场运营效率,实现交通枢纽便捷换乘及多种交通方式高效衔接,对站前交通广场区域总体布置及交通组织进行系统研究尤为重要,以便与站房设计、周边路网有效衔接。因此,深入的交通分析研究、合理的交通功能分区、科学的建筑布局对黄山高铁北站综合交

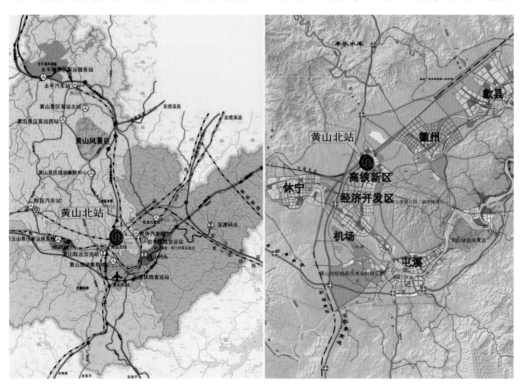

图 9.23　黄山市黄山高铁北站区位图

通枢纽的建设成功具有举足轻重的作用。

图 9.24　黄山市黄山高铁北站站场效果图

9.2.2　交通规划设计思路

枢纽设计必须充分满足交通功能。交通咨询团队在进行了多个国内交通枢纽场站设计工作以及对国外综合交通换乘枢纽进行调研的基础上，提出交通规划设计总体思路与原则：

①按照"以人为本、人车分离、无缝换乘"的理念，针对多种交通方式客流的需求，合理布置客流集散点、进出站及换乘设施，最大程度方便旅客的集散。

②枢纽内部不同功能区（高铁站场、公交站、长途客运站、出租车等）布局尽可能紧凑，尽可能不要被城市主干道路分割。

③合理布置广场空间，协调车站、广场、道路与景观的关系，提升景观质量，为行人提供舒适的步行空间。

④枢纽各个功能区规模（社会车辆/公交/长途车停车位、出租车上下客及蓄车区车位数、行人流设施包括楼扶梯数量等）应该运用先进科学的分析方法（车流和行人流动态仿真）加以确定，既确保满足交通功能，又不造成投资和用地浪费。

⑤枢纽周边路网规划（包括重要立交、平交路口设计）需要通过精确计算和动态仿真分析，确保枢纽交通"进得去，出得来"，流线简单顺畅。不同到达/离开枢纽交通之间无冲突（公交、长途、私家车、出租车等），进出车站的交通安全、通畅、快捷和有序。枢纽交通和过境交通二者最大程度减少相互干扰。

⑥结合当地具体情况，深入分析停车场动静态转换特点，合理布置停车场规模。停车场内部遵循单向组织和远端诱导交通原则，停车场流线无冲突，提高停车场（蓄车场）的使用效率。

⑦行人流和车流之间，以及到达不同目的地的行人流之间尽可能避免冲突，行人流设施应有效引导行人流线顺畅，且换乘距离合理。

⑧综合体开发应该在满足交通功能的情况下予以适当考虑，深入分析综合体产生吸引交通出行模式（特别是私人小汽车所占比例），合理组织，减少对枢纽车流和行人流的干扰。

9.2.3 交通需求预测

1）铁路客流量

根据近、中、远期城市发展规划，预计2016年旅客发送量为280万人次，2020年的旅客年发送量为2 000万人次，2030年的旅客年发送量为3 000万人次（见表9.14）。

表9.14 黄山高铁北站旅客发送量预测

分 期	规划年	旅客发送量（万人次/年）
近 期	2016年	280
中 期	2020年	2 000
远 期	2030年	3 000

2）站前广场客流量

合理确定火车站服务的交通设施的规模，不仅需要预测旅客吞吐总量，还需进一步分析研究旅客特点。黄山高铁北站设计高峰日调整系数，旅游人口为1.3，非旅游

表9.15 黄山高铁北站站前广场客流集散量预测

出行目的	预测年份	日均旅客发送量（万人次/日）	设计日旅客集散量（双向）（万人次/日）
旅游	2016年	0.52	1.36
	2020年	3.74	9.72
	2030年	5.61	14.59
非旅游	2016年	0.24	0.54
	2020年	1.74	4.21
	2030年	2.61	6.31
汇总	2016年	0.77	1.90
	2020年	5.48	13.93
	2030年	8.22	20.90

人口为 1.1，即设计高峰日旅客发送量等于日均旅客发送量的 1.3 或 1.1 倍。各设计年度黄山高铁北站站前广场人流集散量规模相对应高峰日旅客吞吐量的 1.0 倍，而非旅人口取 1.1 倍。由此计算得到黄山高铁北站设计高峰日旅客量（见表 9.15）。

深入考虑黄山市交通战略的发展方向，并结合《黄山市中心城区综合交通规划战略研究》中有关内容，同时参照国内其他对应中等城市火车站的旅客集散特征，分旅游人口和非旅游人口，预测各设计年度铁路黄山北站的交通集散方式，建议引入现代有轨电车作为公共交通的主导，并依此预测站前广场人流量和车流量（见表 9.16）。

表 9.16　站前广场旅客出行方式划分及客流量（单向）

	高铁	长途客运	定线旅游巴士	公共汽车	出租车	私家车辆	旅行社巴士	租车	有轨电车	自行车	摩托车	步行	合计
2016 年比例（%）	3	9	9	10	10	7	29	1	12	2	5	3	100
2016 年客流量（人次/h）	32	95	95	105	100	68	286	7	125	17	46	27	1 003
2020 年比例（%）	3	9	9	10	10	7	29	1	13	2	5	3	100
2020 年客流量（人次/h）	230	676	680	751	714	490	2 042	49	897	118	325	189	7 158
2030 年比例（%）	3	9	11	12	11	7	22	3	16	2	1	2	100
2030 年客流量（人次/h）	344	1 013	1 167	1 341	1 211	723	2 334	365	1 667	215	142	215	10 737

3）站前广场车流量

重点考虑高铁和其他城市交通方式的换乘，预测得到远期 2030 年高铁与其他交通方式之间的换乘量（见表 9.17）。

表 9.17　2030 年高铁与其他交通方式的换乘量（双向）

交通方式的换乘	人流量（人次/h）	车流量（pcu/h）
高铁—高铁	344	—
高铁—长途客运	2 026	139
高铁—定线旅游巴士	2 334	151
高铁—常规公交	2 682	192
高铁—出租车	2 422	1 212
高铁—私家车	1 446	852
高铁—旅行社巴士	4 668	350
高铁—租车	730	364
高铁—有轨电车	3 334	—
高铁—自行车	430	—
高铁—摩托车	284	114
高铁—步行	430	—

9.2.4 交通设施规模预测

1）南北广场分布

由于远期将建设南北两个疏散广场，将两个区域的服务范围进行对比，考虑北广场的服务对象为黄山高铁北站以北城区，南广场服务对象为中心城区及黄山风景区的客流量，因此将旅游人口和非旅游人口分类讨论（见表9.18）。

将表9.18按旅游人口和非旅游人口加权平均，得到整体的南北广场设施分布情况（见表9.19）。

表 9.18　旅游人口和非旅游人口南北广场分担情况

出行方式	旅游人口		非旅游人口	
	南广场	北广场	南广场	北广场
旅游客运	100%	0	100%	0
常规公交	80%	20%	90%	10%
出租车	80%	20%	90%	10%
私家车辆	—	—	90%	10%
社会车辆	80%	20%	90%	10%
非机动车	—	—	60%	40%

表 9.19　南北广场设施比例

出行方式	南北广场设施比例	
	南广场	北广场
旅游客运	100%	0
常规公交	83%	17%
出租车	83%	17%
私家车辆	90%	10%
社会车辆	83%	17%
非机动车	60%	40%

2）站前广场交通设施规模预测汇总

基于站前广场客流量、车流量预测，以及动态仿真模型的建立，对高架平台、公交首末站、定线旅游巴士站、长途客运站、出租车站、非机动车停车场、有轨电车服务设施、社会车辆停车场等功能区交通设施的规模进行预测。汇总得到南广场各功能区交通设施的预测规模（见表9.20）。

9.2.5 功能区布局方案设计

1）总体方案设计

黄山高铁北站站场区域将建成以黄山北站为主的铁路、长途客运、定线旅游巴士、

表 9.20　南广场各功能区交通设施规模预测汇总

功能区规模指标	单　位	2016 年	2020 年	2030 年
高架落客平台车道数	条	—	—	4
公交首末站线路数	条	3	6	8
定线旅游巴士线路数	条	3	7	8
长途客运站用地面积	m²	3 500	25 000	37 000
出租车蓄车区车位数	个	—	—	48
非机动车停车场面积	m²	—	—	500
地下停车场车位数	个	—	—	343
地下停车场出入口通道车道数	条	—	—	单向 2

有轨电车、常规公交、旅游巴士、出租车、社会车、租车等多种交通方式的综合交通枢纽和旅游集散中心，是黄山市对外的主要门户。高铁站地区周边规划的主要道路有站前大道、托山路、仙和路、梅林大道、新城大道、徽州路、槐源路等，构成该区域的基本骨架路网（见图 9.25）。

图 9.25　黄山北站周边集散通道

　　根据地区规划控制条件，高铁站房入口平台设置高架送客车道与广场连接，旅客由天桥进入车站站台，由地道离开车站站台；高铁站区规划远期预留北站房、北广场、地下通道、进站通廊、站前广场地下停车场等建设接口条件（见图9.26）。

　　本次设计中，南广场布置了高架平台、广场地面层和地下层（见图9.27）。广场地面层东部布置定线旅游巴士站，广场地面层西部布置常规公交站，高铁站房西侧为

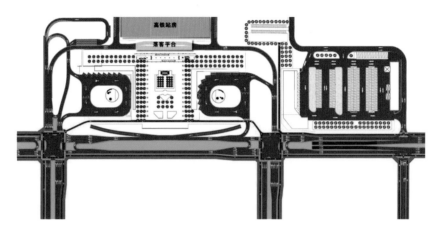

图 9.26　黄山北站站前广场周边道路系统

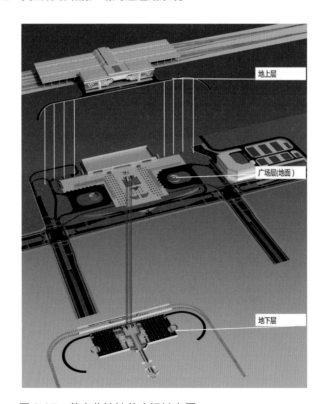

图 9.27　黄山北站站前广场轴向图

出租车蓄车区和候车区，长林路西侧以及站前大道北侧为综合服务大楼、长途车候车区、长途车及公交车的蓄车场、加油站、洗车、维修保养、非机动车停放点（见图9.28）。广场地下层布置有社会车（含旅行社巴士）停车场、租车、商业中心、车位出租、有轨电车车站及线路（见图9.29）。

2）站场交通功能层次

黄山北站交通形式为"高进低出"，以高架平台为纽带实现核心区的交通组织：

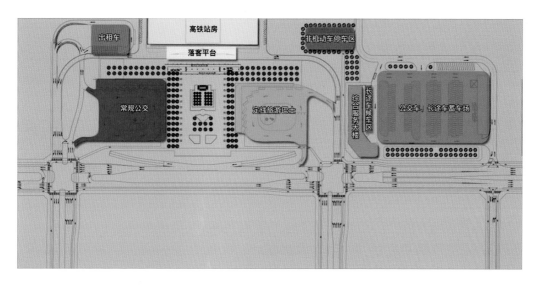

图 9.28　黄山北站站前广场地面层功能区布局

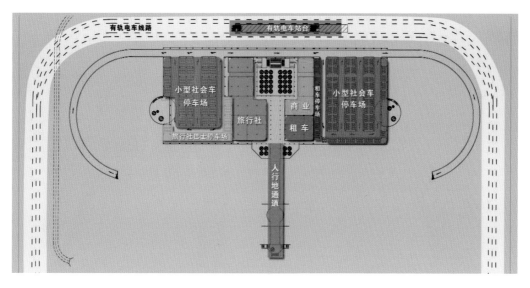

图 9.29　黄山北站站前广场地下层功能区布局

到达出租车、小型社会车在站房前设置的高架平台进行落客，旅客可直接进入铁路售票厅和候车厅；旅客从地面层出站，通过步行广场到达常规公交、定线旅游巴士、长途客运、出租车候车区、非机动车停车点（见表9.21）。

表 9.21　黄山北站交通功能层次

功能层标高	交通功能
−0.3 m	高架平台，出租车、小型社会车进站出发层，行人进售票厅、候车厅等
−4.07 m	站前大道地面层
−7.77 m	铁路旅客到达层，旅客出站，换乘常规公交、定线旅游、长途客运、出租车、非机动
−9.07 m	站前广场过街人行地通道
−13.17 m	社会车辆（含旅行社巴士、私家车、租车）停车场、商业中心
−15.07 m	有轨电车站台及线路、站前大道下穿道

9.2.6　交通组织设计

黄山高铁北站出行方式包括：常规公交、有轨电车、定线旅游巴士、长途客运、出租车、社会车辆（含旅行社巴士、私家车、租车）、贵宾车辆、消防与应急救护车、非机动车、步行等。

（1）常规公交交通组织

广场地面层西部设置公交站，布置一个入口和一个出口，出入口分开布置，高架平台坡道东侧有公交管理区、停保场等。各个方向的公交车辆经由站前大道地面层与托山路交叉口进入公交站，公交出发通过站前大道地面层与托山路交叉口离开（见图9.30）。

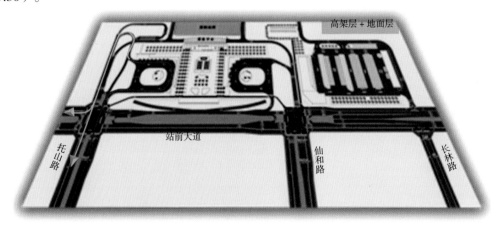

图 9.30　常规公交交通流线

（2）有轨电车交通组织

在广场地下层设置有轨电车车站及线路,进出站行人通过楼扶梯换乘有轨电车(见图 9.31)。

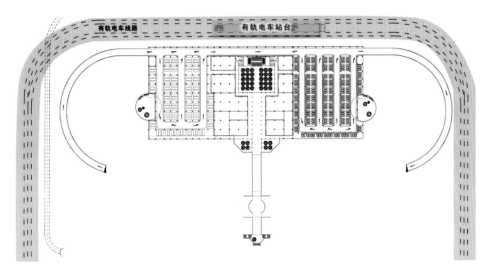

图 9.31　有轨电车线路及车站平面布局

（3）定线旅游巴士交通组织

在广场地面层东部设置定线旅游巴士站场,布置一个入口和一个出口,出入口分开布置。各个方向的旅游巴士车辆经由站前大道地面层与仙和路交叉口进入定线旅游巴士站场,定线旅游巴士出发通过设置在站前大道上的出口右转离开（见图 9.32）。

（4）长途客运交通组织

长途客运采用右进右出的交通组织方式（见图 9.33）。

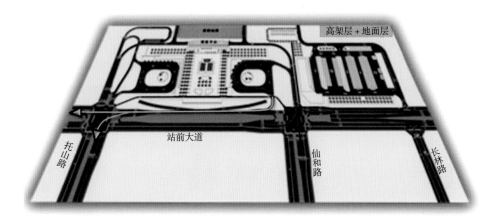

图 9.32　定线旅游巴士交通流线

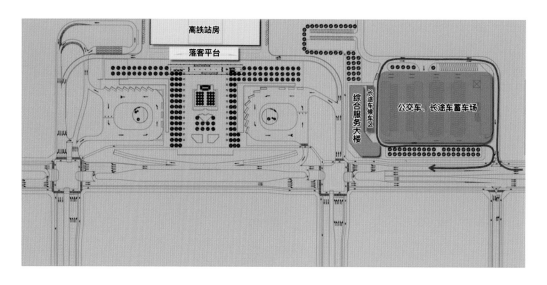

图 9.33　长途客运交通流线

（5）出租车交通组织

站房西侧是出租车蓄车区和候车区，共有 48 个蓄车位和 16 个上客区车位。进站送客的出租车经由站前大道地面层与仙和路交叉口进入高架平台落客。下客后的出租车可以直接通过站前大道地面层与托山路交叉口离开（见图 9.34），或经由高架平台南侧调头进入出租车蓄车区（见图 9.35）。此外，出租车空车可以通过站前大道地面层与托山路交叉口直接进入蓄车区接客（见图 9.36）。出租车从蓄车区接客后经由站前大道地面层与托山路交叉口离开。

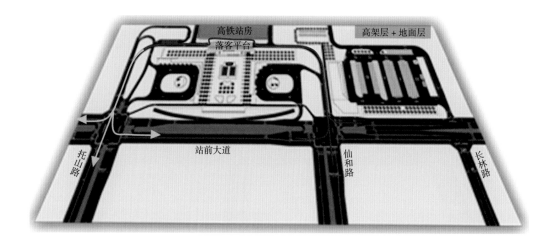

图 9.34　出租车落客后离开流线

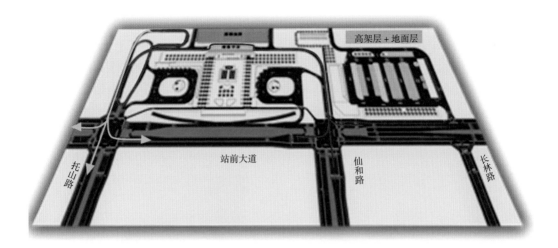

图 9.35 出租车落客后进蓄车区接客流线

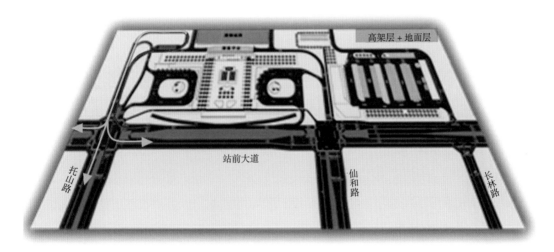

图 9.36 出租车直接进蓄车区接客流线

（6）小型社会车交通组织

小型社会车辆一般为私家车、商务车、公务车、租车车辆等。进出高铁站场的小型社会车分为三类：一是在高架平台落客后驶离高铁站；二是落客后进入地下停车库停放车辆；三是直接进入地下停车库。

①各个方向小型社会车经由站前大道地面层与仙和路交叉口进入高架平台，落客后，经由站前大道地面层与托山路交叉口离开（见图 9.37）。

②各个方向小型社会车经由站前大道地面层与仙和路交叉口进入高架平台，落客后，通过站前大道地面层掉头，进入地下停车库，经由站前大道地面层出口离开地下停车库（见图 9.38）。

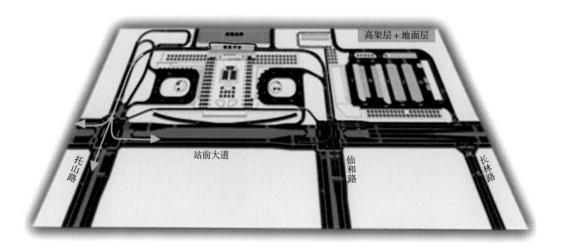

图 9.37　小型社会车落客后离开流线

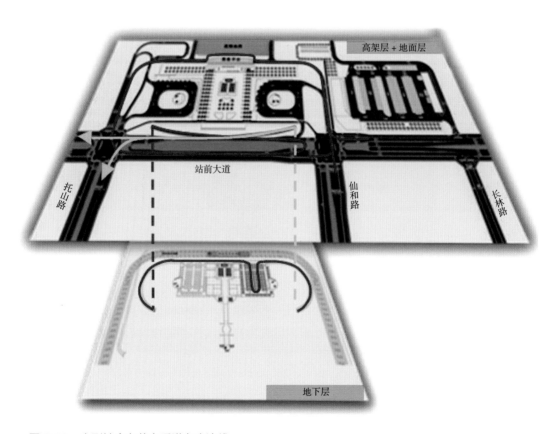

图 9.38　小型社会车落客后进车库流线

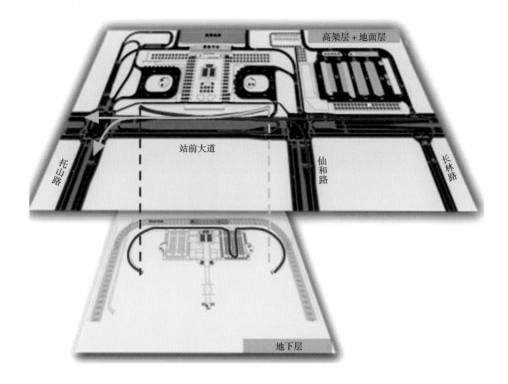

图 9.39　小型社会车直接进车库流线

③各个方向小型社会车通过站前大道地面层进出地下停车库（见图 9.39）。

（7）旅行社巴士交通组织

各个方向旅行社巴士通过站前大道地面层进出地下停车库（见图 9.40）。

（8）贵宾车辆交通组织

贵宾车辆从站前大道与仙和路交叉口进入高架平台，通过连接基本站台的平台进出基本站台（见图 9.41）。

（9）消防与应急救护车辆交通组织

消防与应急救护车辆可通过高架平台层和广场层进行组织（见图 9.42）。

高架平台层：消防车辆由站前大道与仙和路交叉口进入高架平台，通过连接基本站台的平台进入基本站台，并经站前大道与托山路交叉口离开。

广场层：从站前大道与仙和路交叉口，经由广场的消防专用通道驶入广场，离开可经站前大道与托山路交叉口离开。

（10）非机动车交通组织

高铁站房东侧设置一处非机动车停放点，进出通过站前大道地面层的非机动车道（见图 9.43）。

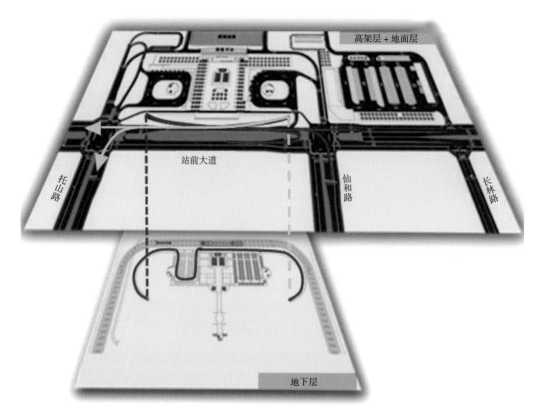

图 9.40　旅行社巴士交通流线

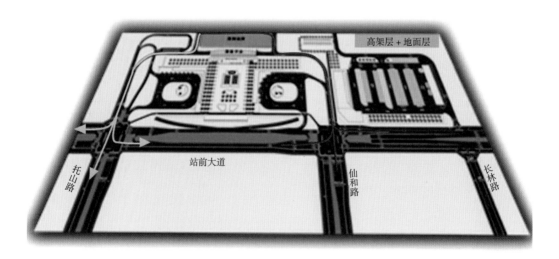

图 9.41　贵宾车辆交通流线

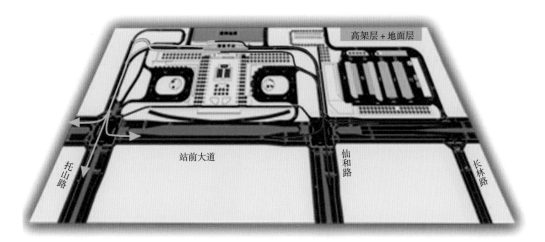

图 9.42　消防与应急救护车辆交通流线

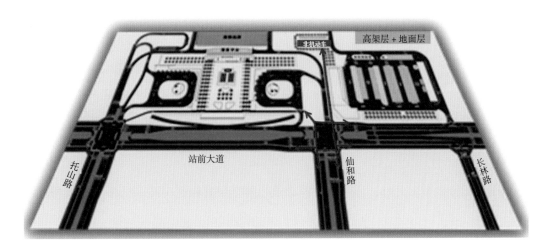

图 9.43　非机动车交通流线

（11）人行交通组织

人行交通组织以便捷、快速、有序地疏解客流为目的。站前广场是人流集散广场，以广场为核心组织人行交通（见图 9.44）。行人通过广场与常规公交、有轨电车、定线旅游巴士、长途客运、出租车、社会车辆等便捷联系；站前大道的人行地下通道使得站前广场与对面的彩虹城紧密联系。

到达高架层的出发旅客直接进入站厅；通过常规公交、定线旅游巴士、长途客运、出租车等交通方式到达地面层的出发旅客，经楼扶梯进入站厅；通过有轨电车、旅行社巴士、小型社会车等交通方式到达的出发旅客，经楼扶梯进入站厅。

到达旅客出站后，通过站前广场去往常规公交站、定线旅游巴士站、长途客运站、

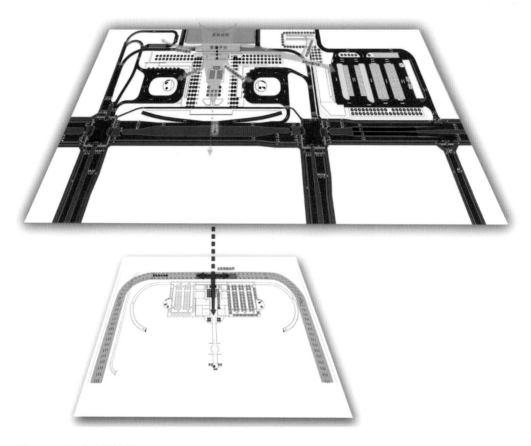

图 9.44　行人交通流线

出租车蓄车区换乘。此外，还可由楼扶梯进入地下层有轨电车站、社会车停车场、租车区及商业区域，进行换乘、购物等。

（12）静态交通

静态交通主要包括出租车蓄车、社会车辆停车、非机动车停放等。

将出租车蓄车区置于高铁站房西侧，方便旅客换乘，缩短换乘距离。为了提供更多的绿化场地和舒适的人行空间，充分利用地下空间，在地下层设置社会车辆（含旅行社巴士、租车、私家车等）停车场。高铁站房东侧设置 1 个非机动车停放点。

9.2.7　交通组织评价

VISSIM 是一款多模式的微观仿真软件，包括行人和车辆间的真实交互关系、交通信号、交叉行人以及街道上的常用元素都可以在 VISSIM 中建模并仿真。

建立本项目仿真模型所需的资料包括：

①仿真区域的详细设计图（包括道路断面、车道功能划分、车道宽度、车道数等信息）；

②交通组成；

③各车型期望速度曲线；

④仿真模型模拟时段各出入口的交通流量；

⑤交通运行管控情况（各交叉口配时、交通管理情况，比如禁行、限速等）。

与此同时，本项目运用 AutoTurn 车辆运行轨迹仿真软件模拟车辆在停车区、车道上行驶的情况（见图 9.45），为车辆道路清障分析和转弯模拟、车位可达性和车道尺寸评估优化提供有效依据。项目组对地下车库出入口、内部车行道、停车位布置等设计进行评估优化，使车位可达性更高、车道设计更合理。

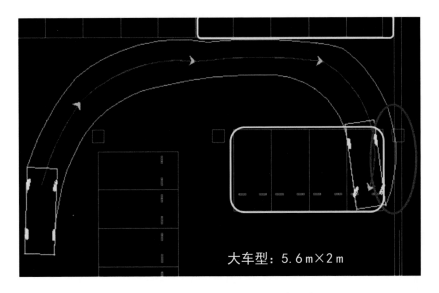

大车型：5.6m×2m

图 9.45　AutoTurn 用于停车区、行车道设计优化的示意

由于存在不同交通模式的换乘和不同楼层的客流需求，黄山高铁北站交通枢纽以及综合配套系统工程核心区的交通分析是一项很复杂和有挑战性的工程。交通团队对黄山城市特点和未来发展趋势进行了深入的分析，凭借在多个国内外交通枢纽场站设计和调研中积累的经验，本着"以人为本、人车分离、无缝换乘"的理念，对黄山高铁北站交通枢纽进行需求预测、内外部路网梳理、车行和人行系统仿真、设计方案评估优化，力求打造一个先进、快捷、安全、舒适的现代化交通枢纽。

1）行人流

整体上看，高峰小时枢纽的设施供应较充足，没有问题特别突出的关键点位。关键节点，包括通道、自动扶梯和楼梯，能充分满足 2030 年的预测需求。所有的自动扶梯都运行在可接受的利用率上，交通设施有较大的富余量（见图 9.46）。

高峰小时内，出租车上客区出现排队（约 110 人，排队长约 42 m），本项目设计排队空间较充足，能够满足排队需求。

根据模型输出，枢纽在紧急疏散情况下，地下层所有人员在 2 min 内撤离至安全区域，能够满足规范要求。

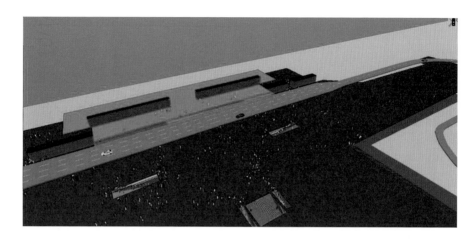

图 9.46　行人系统动态仿真模型

2）车流

车辆动态仿真显示，站前大道平均车速大约 58 km/h，两侧平交口平均延误为 32 s，服务水平达到 C 级别，整体运行状况良好（见图 9.47）。

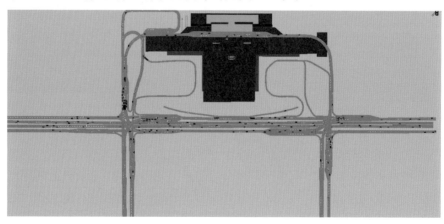

图 9.47　车行系统动态仿真模型

枢纽内部车流运行状况较好。假设高架层车道边平均停车时间为 2 min，车道边最大饱和率为 75%，停车位有富余。假设常规公交及旅游大巴平均停车时间分别为 3 min、20 min，停车位数量足够。地面层、地下一层车道和流线设计可以满足未来车辆需求，车辆运行较为顺畅。

第10章 综合规划三例

10.1 泸州城市综合交通体系规划

泸州，四川省地级市，位于四川省东南部长江和沱江交汇处，川滇黔渝结合部区域中心城市。泸州是长江上游重要港口，四川省第一大港口和第三大航空港，成渝经济区重要的商贸物流中心，长江上游重要的港口城市。

泸州市是典型的山地城市，城市受山水分割，沱江、长江穿城而过，城市空间呈现以江阳半岛为核心，外围多组团分布的强中心多组团格局，跨江通道数量的不足严重限制了城市建设与空间拓展（见图10.1）。2010年，泸州市启动了新一轮城市总体规划编制工

图 10.1 泸州市现状综合图（2011 年）

作，泸州中心城区城市空间功能结构调整为"一核四副、八大功能组团"，规划城市人口发展规模200万人。为了支撑总体规划布局，泸州市启动了城市综合交通体系规划编制工作。

10.1.1 城市空间的演进

泸州历经汉代、宋代、明清以及20世纪几次重要的跨越发展阶段，从城市空间演化过程分析，其空间演变总体上是渐进的（见图10.2）。这几次大的跨越既有自身的自下而上的跨越，也有借助自上而下的外力转换为内力而完成的跨越：

①依水而城，城市的产生、成长、发展都受到长江、沱江的影响。

②城市空间发展受交通指向突出。

③"自上而下"的国家重大项目建设选址定点对城市空间发展影响巨大。

④城市空间发展有市区扩张和外围城镇扩张两种模式（如纳溪、安宁、邻玉、黄舣、泰安等）。

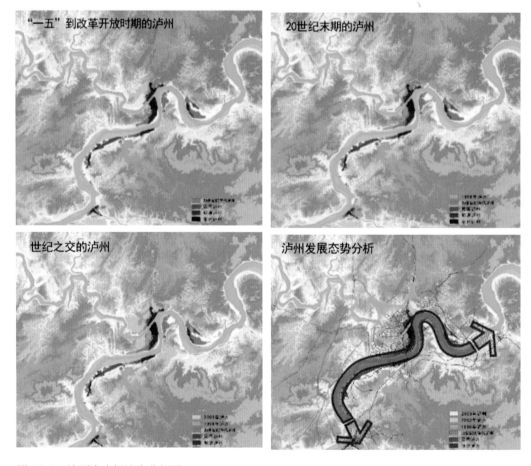

图10.2 泸州市空间演变分析图

10.1.2　交通的历史遗留问题

泸州市面临的交通问题具有普遍性，包含道路网络不清晰、交通设施布局与城市生活功能布局重叠，交通管理手段落后、建成区交通拥堵蔓延等，这些都是国内很多城市在发展过程中遇到的共同问题。虽然交通现象的表征相似，但是导致这些问题的内在原因却各有差异。对于泸州市山地城市而言，其交通系统内在的不足更具有特殊性。

①区域交通体系制约，泸州市至今没有客运铁路线；现有机场位于城市建成区中心边缘，飞机起降航行都要穿越主城区，导致机场净空限制与城市发展矛盾日渐凸显；客运站都集中于旧城区，一定程度上加大了旧城区的道路交通压力。

②由于长江、沱江和山体的分割，外围城市组团之间缺少便捷的联系通道，已有的部分联系道路标准又过低，导致组团之间的交通出行均需穿过城市中心区；由于机场净空限制，跨江通道建设受到严重制约，成为阻碍城市空间拓展的最关键因素；尽管公交分担率高达 30%，但是线路重复设置，缺乏层次，缺乏对客流走廊的支撑。

10.1.3　交通发展阶段研判

根据国外一些国家的发展经验，人均 GDP 达到 1 000 美元是轿车大量进入家庭的起跑线，达到 3 000 美元开始大规模进入家庭。2009 年泸州人均 GDP 约 2 000 美元，已经处于轿车逐步进入家庭的阶段城市机动化交通初期（见图 10.3）。在这一阶段，城市扩张从机动化获得动力，土地通过置换、开发，逐步由混合转变为功能明确的分区，而城市空间的扩张和城市功能区划分明确，导致交通出行距离增加。本阶段，城市交通以扩张为主导，发展的重点是为了满足城市扩张的需要，以解决混合交通带来的交通问题，交通供需矛盾开始出现，而矛盾的焦点是增加供给来满足城市的扩张。

10.1.4　新阶段、新环境、新发展

泸州在交通发展战略规划时应有前瞻性：引导城市能级的提升，强化市域及对外交通；引导城市空间有序扩张，杜绝蔓延式拓展；引导交通出行向集约化方向发展，避免个体机动化出行快速膨胀。最终实现泸州市交通跨越式可持续发展。

泸州位于长江黄金水道（亚洲东西发展轴）与西南出海通道交汇区域（见图

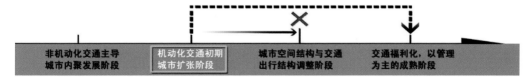

图 10.3　城市交通发展阶段示意图

10.4），是成渝地区国际贸易的前沿区域，也是四川、重庆与东南亚、东盟区域联系的重要节点。通过加快与川、滇、黔、渝联系通道的建设，泸州将有能力成为四川向东、向南对外开放门户。

同时，泸州是长江经济带上游地区的重要"节点"城市（见图 10.5），不仅拥有国家 28 个重点内河港口之一的泸州港，同时也是四川省内出川以及省外入川的第一

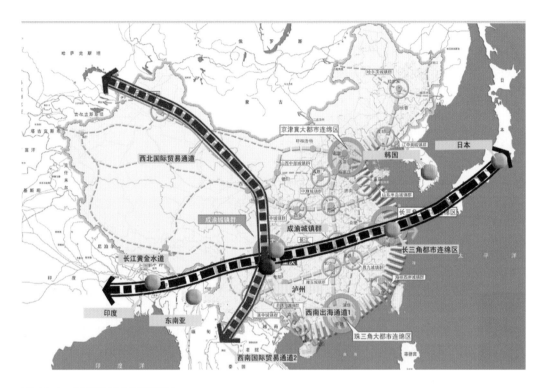

图 10.4　国际贸易主通道格局

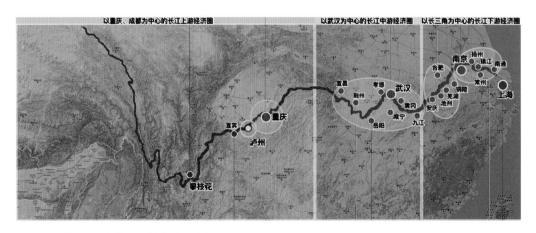

图 10.5　长江经济带主要城市发展分析

大内河港，其"门户"和"口岸"优势明显，是长江上游重要的港口和枢纽城市之一，这也是泸州在"成渝经济区"和长江上游地区各大城市中做出自身特色的重要支点和抓手。

成渝地区是新世纪国家战略的重点区域，是继长三角、珠三角、京津冀经济区之后的国家经济增长第四极。泸州是成渝地区的主要成员之一，是新世纪国家战略的重要支点，是重要的酒业、化工等产业基地，是连接成渝地区与滇、黔的重要枢纽，也是成渝地区重要的区域性物流中心（见图 10.6）。

泸州城市空间通过沿江带状生长发展，形成"一主两副，八大组团"的山水间隔的组团空间布局结构，在现有基础上重点南跨东拓、拥江发展（见图 10.7），并整合城南与纳溪发展联系，城北与空港的发展联系，形成东、北、南三条走廊，同时优化提升中心地区。

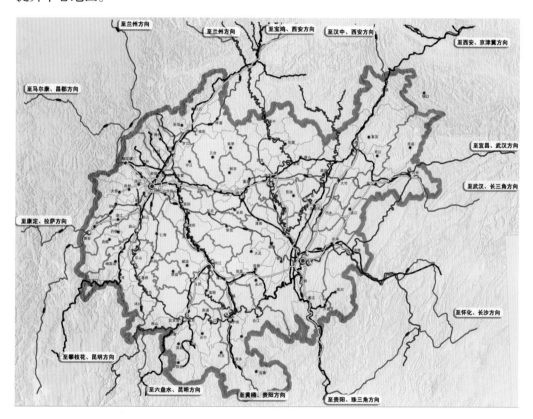

图 10.6　成渝经济区区域层面交通分析

10.1.5　大泸州、可持续

1）水陆联运，枢纽衔接

发挥泸州港优势，打造水陆交通综合枢纽（见图 10.8），利用高速公路、铁路在

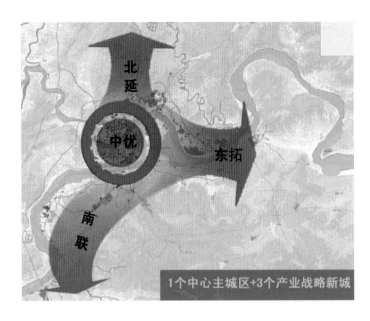

图 10.7　泸州城市规划发展方向示意图

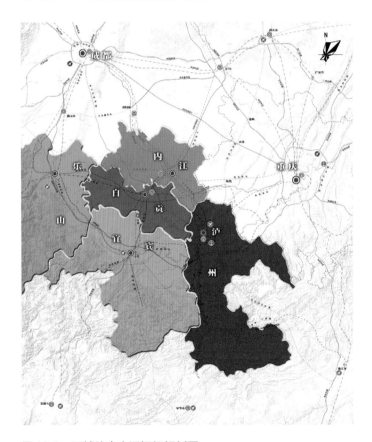

图 10.8　区域综合交通枢纽规划图

泸州市形成的交通骨干网络和长江黄金水运通道的契机,加强泸州与成都、重庆、贵州、云南的交通联系,加快云龙机场建设,打造连接西南地区的综合交通枢纽,形成铁路、高速公路、干线公路、水运、航空五位一体的快捷交通体系。

2)泸州大都市区协同发展

泸州—合江—泸县三角区域是泸州市现状社会经济发展水平最高,城镇和产业发展条件最好的地区(见图 10.9),是泸州市域经济社会发展、空间开发和城镇核心发展区,同时也是泸州市打造区域中心城市的重要支撑。通过建立健全都市圈一体化、快速化、复合化交通通道及交通网络,有效支撑人口集聚与城市综合服务能力提升,形成一体化发展的区域中心城市,力争到 2020 年,形成城区面积 200 km²,人口 200 万人的"双两百"大城市骨架。

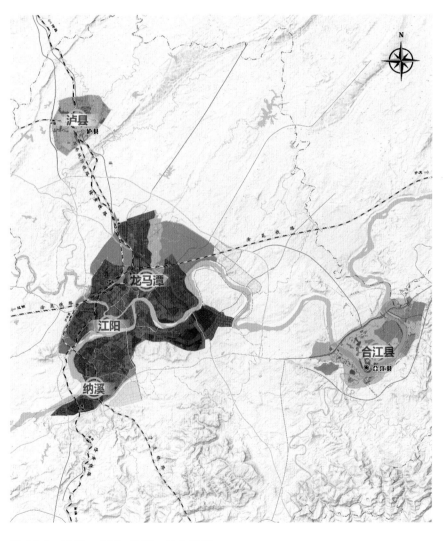

图 10.9 泸州—合江—泸县一体化发展

3）龙马潭—江阳—纳溪一体化发展，城市空间有序拓展

坚持中心城区"同城化""一体化"发展，加强龙马潭区、江阳区、纳溪区无缝对接（见图 10.10），实现区域统筹与协调发展。以城市跨江桥梁及城市快速环线、城市轨道交通建设为突破口，无缝对接人流、物流；以东向拓展为配合，串联泸州南部新城、泸州国家高新区和中国白酒金三角酒业园区，协调统一发展。

4）聚焦重点区域，创新发展模式

加快沱江新城、长江湿地新城建设（见图 10.11），实现可持续交通发展，推动公共交通线网、轨道交通建设，引导山水步道特色交通发展，以积极保护为手段，推进新城从经济型城镇化转向生态型城镇化、从数量型城镇化转向质量型城镇化、从粗放型城镇化转向效益型城镇化，实现城镇绿色发展、循环发展、低碳发展。

依托新城建设，积极推进 TOD（公共交通导向）为导向的城市空间开发模式，促进商业综合体、购物中心、超市、社区商业的网络集成，带动电子商务、信息科技、文化创意等产业集聚，大力发展城市复合经济。

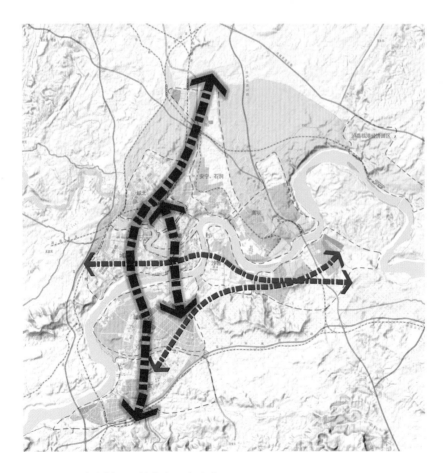

图 10.10 中心城区一体化交通走廊发展

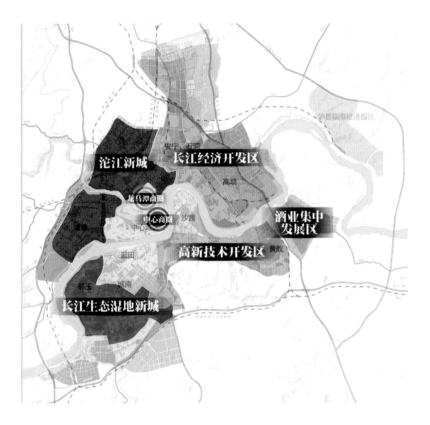

图 10.11　沱江新城、长江生态湿地新城空间指引图

5）通道功能复合化

加强以跨江桥梁 / 隧道为核心的城市通道建设，结合城市空间、产业、用地布局构建大容量、快速化、复合型通道格局。依托城市骨架道路及主要对外通道，形成泸州市快速路系统，强化城市组团间的快速通道联系，包括快速环线、机场快速、成自泸赤高速改造为绕城快速，采取道路拓宽，增设辅道，交叉口平改立，全线高架等形式以达到近期可实施，远期易改造的效果。

积极推进快速公交建设，大力提升地面常规公交走廊运能和服务水平，对远期轨道交通发展论证分析，确立城市公共交通主导地位。丰富常规公交线网服务层次和品种，提升公交运营技术水平，积极探索创新公交服务体制。通过系统化的提升改造措施，打造路权优先更有保障、线网层次更为丰富、设施规模更为充足、运营服务更加可靠、行业管理更为先进的公交系统，全面提升公交服务品质。

6）停车区域差异化、建设多元化

针对中心区、外围区及郊区不同的交通特点，实施相应的管理政策，包括经济手段，将静态交通纳入管理范畴，合理引导动态交通的空间分布，达到交通运行的最高效率。在中心区配建车位严重不足以及用地紧张的现实条件下，建设公共停车场需要改变以往路边停车和地面停车场为主的传统形式，推广占地少、用地节约的地下、立体（多层）、机械式等各类停车场。通过国家专项建设债券、社会资金，银行贷款，拓展多元化的停车场建设投融资模式。

7）打造滨水沿山特色步道

在现有慢行系统的基础上大力加强慢行系统与公交线网的便捷接驳，努力营造安全、舒适的出行环境，满足广大市民日常出行、换乘公交、休闲健身等多方面需求。大力重构连续通达的山水城市步行网络。根据泸州山水城市的特点，打造沿山、滨水的具有泸州自身特色的步道。

8）核心区设施挖潜，增效提质

系统层面进一步完善江阳半岛、龙马潭核心区整体交通组织；建设层面，有序推进次支路网连通、干道交通一体化改造、沿线开口优化及交通组织、交叉口渠化设计、信控路口配时配相优化、规划路内停车、保障行人过街安全。

9）城市交通动态评价和管理机制

建立系统优化交通运行组织的工作机制，提高交通设施使用效率。建立交通综合改善工作管理机制和一体化的城市道路交通动态评价系统，科学评估道路交通运行状况；建立交通拥堵调控对策与应急管理工作机制，持续改善交通状况。

努力建成智能交通管理系统、中心城区城市交通动态管理系统，进一步发挥交通系统使用效率。智能交通管理系统的主要信息资源包括实时交通流信息、停车交通信息、交通设施信息、基础地理信息等。

10.1.6 "三步走"近期行动计划

（1）以快速路及跨江通道建设为核心，构建城市交通骨架

近期推动以城市快速路、跨江通道为核心的骨架路网建设，支撑城市"一主两副，八大组团"山水间隔的组团空间布局结构，构建城市交通发展主体框架。

（2）以轨道交通建设为主体，引导公共交通优先发展模式

推动轨道线网专项规划、轨道线网建设规划、公共交通发展规划编制工作，大力发展山地城市公共交通系统，引导城市新区建设及功能拓展，完善城市公共客运服务体系。

（3）以设施挖潜为抓手，缓解近期城市交通拥堵

有序推进核心区城市交通系统拥堵改善，系统化梳理优化改善方案，包括区域交通组织、道路网络结构优化、既有路段及路口改造、规范停车与过街设施、加强交通管理等。

10.2　攀枝花畅通城市交通建设规划

攀枝花市位于四川省西南部，地处金沙江、雅砻江交汇处。全市辖三区两县，44 个乡镇，总人口 107.06 万人。攀枝花市是攀西经济圈的核心组成部分和长江经济带的"龙尾"，也是川西南、滇西北地区旅游、交通枢纽城市和大香格里拉环线上的重要旅游节点。攀枝花市区由西部分区、市中心区、东部分区三部分组成，其中市中心区由攀密片区、炳草岗片区、弄弄坪片区、渡口片区及仁和片区构成（见图 10.12），为典型的西南山地河谷城市。

攀枝花市城市总体规划于 2009 年修编完成，为全面建立一个合理的道路交通网络（见图 10.13），获得最佳城市发展效益，在总体规划的框架下研究攀枝花市道路网络优化布局。研究通过深入分析总规修编成果，结合攀枝花市综合交通规划分析模型并进行修正，在此基础上宏观把控攀枝花市域道路交通网络及发展需求，结合城市空间地形特点，总体优化整体路网布局；根据建设项目的轻重缓急，对交通建设实施方案进行排序，制订交通建设近期、中期序列整体计划（2009—2015 年）以及现状交通缓堵解决方案。

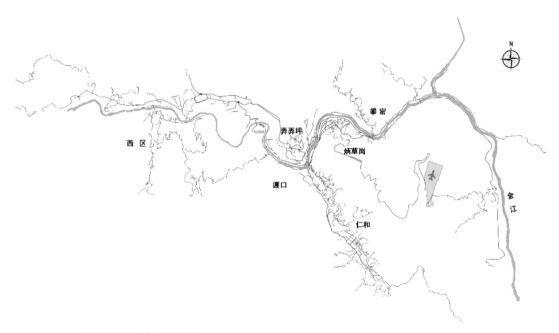

图 10.12　攀枝花市空间结构分布图

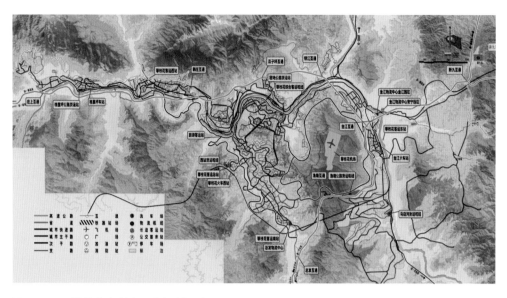

图 10.13 攀枝花市道路网络规划示意图

10.2.1 城市路网特征

（1）片区之间及片区内部道路交通设施缺乏

攀枝花市城市道路网骨架主要沿江、河谷展线，呈现"东西带状延伸、南北越江连接"的道路网络结构，道路系统之间竖向高差较大。受地形高差较大的条件限制，攀枝花市区内的道路设施比较缺乏，城市片区之间主要的道路通道是攀枝花大道、渡仁线等为数不多的几条主干道，骨架性道路少，片区之间的联系都是依靠基本唯一的通道将各大片区"穿珍珠"似的串联起来，道路设施缺乏已成为制约城市发展的一个重要因素。

（2）缺少对外交通过境通道

目前境内 310 省道、214 省道均穿越城市中心区域而过，城市外围区域缺乏有效疏导过境交通的快速通道，过境交通给城市道路交通带来很大的压力。

（3）道路功能定位不明确

受地形及历史原因的影响，城市道路少，交通上客、货车混行比较严重，城市交通性及服务性道路不够清晰，功能定位不明确，许多道路普遍运行效率不高。

（4）道路通行条件较差

在各大片区内部，受地形条件的限制，多数道路宽度较窄，坡度大，转弯半径小，对机动车的通行极为不利，另外居民出行的机动可达性差。

（5）道路网系统不合理

市区内部的道路网系统上不合理，连接主干道和支路的次要干道严重缺乏，使得市区内部缺少可以分流主干道交通的城市道路。

（6）跨江交通通道少

由于跨江交通通道本身比较缺乏，同时受地震灾害的影响，现荷花池大桥为危桥，密地桥在重建，渡口桥实行交通管制，只有炳草岗大桥可以自由通行，过江通道少，交通混行影响严重。

（7）缺乏有效的、便捷的行人过街设施

行人过街设施的建设比较少，斑马线行人过街与交通管理不到位，受道路拓宽等影响，人行道不完善，行人直接穿越道路的现象比较严重，给行驶的机动车造成了极大的干扰，又给过街的行人造成了极大的安全隐患。

10.2.2 决策，让数据做主

结合交通与土地利用的相互关系，针对攀枝花市未来城市规划（2025 年）用地利用的变化，利用 EMME3 软件，对道路交通网络及优化方案进行预测评估，对重要的对外通道、组团间干道、跨江桥梁、通道与路网衔接方式等进行预测评估。以交通模型预测数据为基础，结合山地城市空间地形特征，优化城市路网格局，支持城市空间发展战略展开，为重大市政工程方案构建专项比选模型，以供决策。

以攀枝花市重要的对外通道——瓜子坪大桥为例，介绍项目整体技术方案。

规划的瓜子坪大桥是炳草岗片区未来最为重要的对外通道，也是弄弄坪片区、渡口片区主要的对外通道之一，也是攀密片区与炳草岗片区、渡仁片区快速联络通道之一。瓜子坪大桥建成后将会与炳草岗大桥、攀弄路等道路网络形成连接炳草岗、弄弄坪、攀密稳定的三角路网体系，从而提高目前核心区域道路交通系统相对脆弱的情况。

总体规划中，瓜子坪大桥跨越金沙江后，大桥直接接入竹湖园交叉口，根据模型分析结果，大桥接入后竹湖园路口流量将增加 96%、机场路口流量增加 100%，交通拥堵将更加严重（见图 10.14）。

流量比例

1 000 2 000 3 000 4 000 5 000 ■ 流量增加路段
　　　　　　　　　　　　　　　流量减少路段

图 10.14 规划瓜子坪大桥—炳渡线建成后高峰小时流量变化图

流量比例

1 000 2 000 3 000 4 000 5 000

███ 流量增加路段
▬▬▬ 流量减少路段

图 10.15　瓜子坪大桥—炳渡线通道优化后高峰小时流量变化图

优化拟将瓜子坪大桥主桥往金沙江下游偏移 150 m，瓜子坪大桥引道上跨机场路口后与机场路相接，避免机场路口平交带来的交通堵塞。根据模型分析，实施该方案后，竹湖园路口流量将会增加 20%，机场路口流量增加 119%（见图 10.15）。由于竹湖园路口平交优化后通行能力增长 25% 可基本满足需求，机场路口由于采用单点上跨，下层采用渠化加智能交通的管理方式也可满足通行需求。

优化后，炳渡线线位将扩大炳渡线服务区域，减少对东区医院路口处的影响，连通仁和沟两侧，提高炳渡线的使用率，分流攀枝花大道交通压力，加强仁和片区与炳草岗、攀密片区的联系。模型显示，实施该方案后市中心医院流量增加 30%，总量达到 3 800 pcu/h 数量级，平交优化后通行能力增长 25%，再加上仁和沟联络路网打通，可基本满足需求。

基于上述整体技术思路，进一步优化了总体规划中城市道路网布局方案（见图 10.16 ~ 10.18），有效指导城市交通基础设施建设，路网整体优化成果表述如下：

①结合城市地形，"二环二横四联五辐射"总规路网重新梳理为"七横五纵"骨架路网。

②优化瓜子坪大桥—炳渡线线形及引道连接形式，分流攀枝花大道交通。

③取消或远期预留弄弄坪东西干道隧道，通过提升平行通道的等级满足片区交通功能。

④降低原规划的内环线等级，提高金江—炳草岗规划路、仁和片区的规划主干道的功能等级。

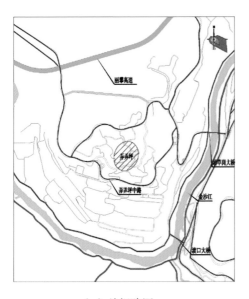

（a）总规路网

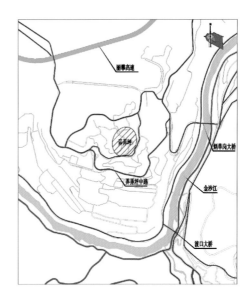

（b）优化路网

图 10.16 弄弄坪片区路网优化图

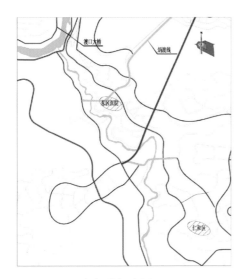

（a）总规路网

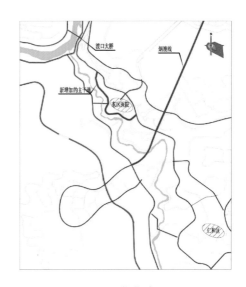

（b）优化路网

图 10.17 市中心医院片区路网优化图

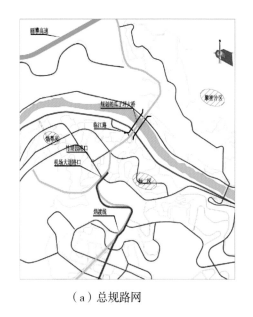 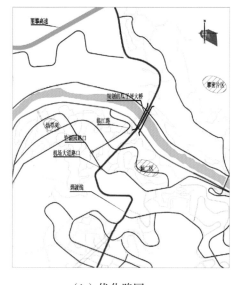

（a）总规路网 （b）优化路网

图 10.18　瓜子坪大桥—炳渡线路网优化图

10.2.3　挖潜，一体化交通设计

当交通拥堵发生时，行驶速度降低，此时调查到的交通流量不能真实反映实际的交通需求，为更加有效地评价道路服务水平，项目组对研究区域内的主要干道进行了往返车速调查（见图 10.19），通过车速指标评价道路服务水平。

通过交通设施及交通流量调查分析，攀枝花核心区交通拥堵的主要原因有以下几个方面：

（1）节点通行能力不足

五个关键交叉口服务水平有四个处于 F 级，拥堵较为严重。与拥堵交叉口相连接

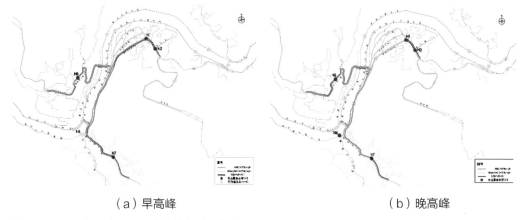

（a）早高峰 （b）晚高峰

图 10.19　核心区路网早、晚高峰车速服务水平

的路段的服务水平也较低，处于 D ~ F 级；其余路段的服务水平较高，为 A ~ C 级。部分路段服务水平较低也是由于交叉口通行能力不足或存在较为严重的交通冲突造成的。由于节点交通处置不善对区域内交通运行产生巨大影响，因此节点优化改善是缓解现状交通拥堵的关键所在。

（2）路段车辆之间的冲突

车辆在一些区域行驶中产生交织合流冲突，干扰正常的交通运行，并产生交通安全隐患。例如，三角花园节点区域由于地形限制及交通组织等原因，车辆冲突严重，造成高峰时期交通拥堵。

（3）路内停车占道影响

目前攀枝花市在多处干道设置路内停车带，但没有明显的时间限制标志，车辆进出都会阻碍干道交通。交叉口区域存在大量占道停车情形，加剧了交叉口拥堵程度。

（4）公交车站台区域影响

很多公交站设置不合理，距交叉口距离较近，宽度、长度低于规范要求，从而造成不必要的交织；另外，某些社会营运车辆挤行或驻站时间过久，使得后继公交车无法进站，或者占据全部车行道停车，使后继车辆无法正常行驶，这些都影响交叉口、

照片 1：竹湖园节点高峰时期交通拥堵

照片 2：三角花园节点高峰时期交通拥堵

照片 3：南山路口节点高峰时期交通拥堵

照片 4：弄弄坪中路东风段节点高峰时期交通拥堵

照片 5：南山路口占道停车引起后继车辆严重拥堵　照片 6：弄弄坪中路东风段占道停车

照片 7：市中心医院公交停靠站宽度不足　　　照片 8：东风公交停靠站区域车辆冲突

照片 9：渡口大桥路段行人穿越高速行驶车辆　照片 10：弄弄坪中路东风段人行道被占据

路段的通行能力，是交叉口交通秩序混乱、拥堵的重要原因。

（5）行人随意穿越车行道

当前有某些重要路段无行人过街斑马线，出现行人随意横穿现象，而大量有斑马线的位置缺乏人行信号灯。在一些路段尽管有人行天桥或地道，但还是有很多行人图方便不使用人行天桥或地道；某些路段人行道被建筑占据，行人不得不在车行道上穿越。

针对攀枝花市交通拥堵的突出问题，必须从系统上整体研究、全面解决，才可实现城市畅通、有序的可持续交通发展局面。其解决策略包括路网完善、节点路段功能改善提升、交通管理与智能交通、交通需求管理。下面简要介绍针对节点路段的功能改善提升，节点的改善举措包括以下部分（见图 10.20、图 10.21）：

①交通工程渠化设计：根据高峰小时流量特征进行适当的车道功能设计（左、直、右转向道数匹配）、设计转向车道足够的等待长度、公交停车港、行人/停车设施、布设明确的标志/标线、保证足够视距、提供明确的标识引导驾驶者及行人。

②优化信号控制系统：关键交叉口均采用无冲突的相位信号控制。推荐采用感应式信号控制机，从而进行智能的配时配相。应达到分早高峰、平峰、晚高峰及夜间的多时段配时配相控制，或采用自适应信号控制系统，依据随时改变的交通需求进行实时的相位及控制周期调整，提高交通运行效率。

通过数据模型计算，交叉口改善实施后服务水平及通行能力都将有不同程度提高，其中通行能力以 E 级服务水平（延误 80 s）时的交叉口最大通过车辆统计。

针对城市核心区关键交通堵点，制订道路交通一体化改造方案。三角花园、竹湖园、南山路口、市中心医院、弄弄坪中路等堵点方案经过仿真分析计算，方案实施后通行能力提升 25% ~ 32%（见表 10.1）。

表 10.1　交叉口高峰小时服务水平及通行能力对比

节点名称	现　状				方　案			
	高峰小时总流量 (veh/h)		服务水平		服务水平		通行能力 (veh/h)	提高 (%)
	早	晚	早	晚	早	晚		
三角花园	4 868	4 517	F（-）	F（-）	A（9 s）	A（9 s）	6 300	30
竹湖园	4 406	4 436	F（98 s）	F（167 s）	B（18 s）	B（16 s）	5 500	25
南山路口	3 339	2 861	F（88 s）	D（54 s）	B（17 s）	C（24 s）	3 600	32
市中心医院	2 929	2 707	F（128 s）	E（68 s）	C（23 s）	C（23 s）	3 500	25
弄弄坪中路	2 664	2 106	F（-）	E（-）	A（9 s）	A（8 s）	3 400	27

图 10.20　人大路口—三角花园—竹湖园—机场路口一体化改善方案

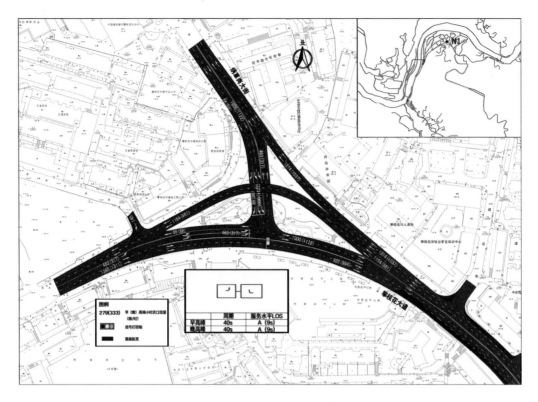

图 10.21　三角花园节点改善详细方案

10.2.4　创新与特色

①项目构建基于城市总规修编用地规划的综合交通预测模型，掌握远景城市交通发展趋势，指导道路交通重大设施建设。

②以交通模型预测数据为基础，结合山地城市空间地形特征，优化城市路网格局，支持城市空间发展战略展开。

③项目为重大市政工程方案构建专项比选模型，以供决策。

④项目适应交通流特征及地形特点，提出近期交叉口改造措施，工程造价少，施工影响小，实施效果明显。

⑤结合"畅通城市"目标，规划近期、中期、远期项目实施序列，详细阐述项目的功能等级、建设时间、投资金额，有效指导城市道路交通建设。

10.3 重庆大都市区高铁城市综合交通规划

10.3.1 高铁对永川城市发展的影响

永川地处渝西中心地带，东距重庆主城区 63 km，西离成都 276 km，位于成渝南轴（成内渝发展带）和沿长江发展带上，为成渝经济区支点和区域性中心城市。2013 年全区常住人口 106.8 万人，全区城镇化率达 60.3%，中心城区人口约 61.8 万人，居渝西之首。2013 年全区机动车保有量为 166 066 辆，千人机动车拥有率为 155 辆，高于重庆平均水平，其中中心城区小汽车保有量约 4.2 万辆。

高铁作为一种新型交通工具，给城市发展带来了巨大改变，也影响着人们的生活和工作方式。成渝高铁，也称为成渝城际客运专线，是"四横"客运专线中沪蓉高铁的重要组成部分，于 2015 年 12 月 26 日正式通车；渝昆高铁于 2016 年 11 月通过可行性研究技术审查会，线路确定通过永川，并设置永川南站。"一城双站"的高铁布局标志着永川步入快速发展的高铁时代。

高铁将从以下 3 方面对永川城市发展产生明显影响：

（1）促进永川承接重庆主城区产业转移

成渝高铁通车后，永川到达重庆主城区的时间缩短为 30 min，至此，永川实现了与重庆主城区公铁双通道快速联系，促进了大都市区一体化发展。永川凭借良好的区位优势和综合立体交通条件，将成为重庆主城区产业转移的主战场，发展"制造基地、服务后台"，引领渝西地区发展的桥头堡。

（2）促进永川旅游业、商务商贸业发展

永川旅游资源丰富，如茶山竹海、松溉古镇、乐和乐都及永川野生动物园等全国或区域知名的旅游景点。随着成渝高铁通车，重庆主城区及外地游客可通过高铁快速、便捷地到达旅游景点，促进了旅游业及配套产业的发展。同时，高铁作为一种舒适的通勤交通方式，永川与主城区的商务商贸联系将越加紧密，助推融城一体化发展。

（3）影响城市功能分区，改变土地利用方式

交通发展对城市的发展起着决定性的作用，便利的交通可以带来高效的土地利用，尤其是高铁枢纽在一定程度上改变了城市的布局和空间形态，牵引城市空间发展方向，促进城市多中心的形成。永川东站和永川南站将成为永川重要的客流聚集点，带动周边用地开发和影响城市空间发展格局，永川新城也将成为永川城市政治、经济和商贸中心。

10.3.2 发展挑战

永川城市空间基于小城市框架布局，缺乏合理的交通体系引导，通过城市综合

交通体系进行全面深入的调查研判，永川城市交通面临问题总结如下：

（1）对外交通高等级通道单一，区域功能承接及中心辐射能力弱

与区域城市、核心辐射区域的交通联系缺乏高等级通道，对外通道单一，以公路运输为主，铁路、水运运能总体不足。此外，成渝高速是永川与重庆主城联系的主要通道，但受中梁山隧道通行能力不足的影响，与重庆主城区联系受到制约。

（2）城市骨架路网无法适应城市发展需求，公交系统缺乏层次性

现状交通基础设施与城市用地布局、空间结构不匹配。如新老城组团联系紧密，新老城交换量占城区出行总量的19.7%，但老城区与新城区联系通道明显不足，高峰时段交通拥堵严重。公共交通系统构成单一，缺乏大中运量公共交通方式。

（3）城市空间向多组团化拓展，但组团之间缺乏可持续化的交通引导发展轴

新城区用地向东、向南拓展，老城区跨铁路向西南发展，城市功能空间布局组团式发展模式凸显，但组团间联系通道成为制约组团发展的桎梏，如新老城通道不足、公交主通道不明确、与工业园区无货运通道等。同时，随着未来用地扩张带来的交通需求迅速增长、中心城区南北两个高铁站的建立，组团之间需要构建分工明确、主次分明的交通轴引导城区可持续发展。

（4）城市以小汽车交通为导向，缺乏绿色交通发展意识和举措

永川的城市本底特征（地形条件及城市空间尺度）非常适合发展步行及自行车等非机动化交通出行模式，但中心城区小汽车使用、停放挤占非机动车道和人行道，严重影响了慢行系统出行的安全性与舒适性，自行车出行比例仅为5%。同时，城区公共交通设施不足，无公交专用场站用地，公交出行比例仅为19%。缺乏依托城市本底优势打造"慢行＋公共交通"绿色交通出行模式的意识和举措。

（5）城市交通管理处于初级阶段，信息化管理水平提升空间大

现状停车秩序混乱属于粗放型停车管理，城市交通缺乏管理保障机制，针对交通违章行为的处罚力度轻；交通信息化处于起步阶段，有待进一步提升。

10.3.3　应对策略

综合永川城市发展目标、交通体系发展趋势和关键议题分析，综合交通体系整体目标为：构建区域性综合交通枢纽，建立"外联内畅、绿色低碳、智能信息"的现代城市综合交通系统，优先发展公共交通，构建小汽车与公共交通协调发展模式。

（1）构建多层次、多模式的综合交通体系战略

永川未来发展将更加融入区域空间，日常通勤及商务活动空间将会进一步扩大，交通需求空间和品质要求进一步多元化，需要多层次、多模式的综合交通体系支撑和引导多层次城市空间扩张和交通发展需求。未来永川将形成4个空间层次，通过综合交通枢纽、客运枢纽、公交枢纽等转换节点，利用成渝高铁、市郊铁路、普通铁路、高速公路、干线公路、省乡道、城市各等级道路、公共交通和慢行交通网络

共同构建综合交通体系。

（2）加强城市内部交通与外部区域快速通道衔接战略

永川将借力国家和重庆战略，构建"一带、两核、五通道"的区域综合交通体系，建设"一江六铁七高速"的对外交通干线，实现对外交通高效畅达，提升区域辐射能力。为此，永川中心城区应依托于永川东站和城市快速路网系统构建与成渝高铁、成渝高速及三环高速直接衔接的快速交通体系，构建高标准的高铁交通枢纽和出入城区便捷通道，主动对接重庆主城，融入区域交通格局。

（3）强化"高铁枢纽＋公共交通轴带"引导城市整合发展战略

永川城市空间呈现典型的"T形"布局结构（见图 10.22），城市空间拓展和交通需求流向清晰。

东西向以成渝高铁枢纽为核心，以昌州大道、一环路、永师路、兴龙大道、昌龙大道等为公共交通轴线，构建联系老城区、新城区和大安组团的快速、大中容量

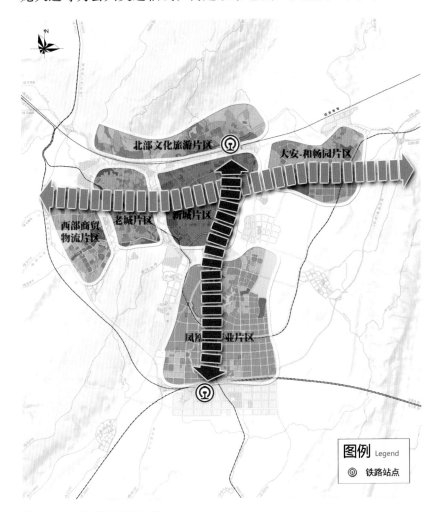

图 10.22　永川区空间布局

客运系统，为主城区提供东西向快速公共交通服务。南北向以成渝高铁枢纽和渝昆铁路枢纽为南北核心，以兴龙大道、红河大道、汇龙大道为交通轴线，构建中运量公共交通系统。优化高铁站片区规划，充分发挥高等级客运枢纽的集聚效应，并配套高密集、高品质城市功能所需要的良好步行系统。

（4）环境倒逼转型发展的绿色交通战略

落实节能减排要求，量化交通系统减排目标，遏制"惯性趋势"，倒逼转型，对机动车实施全成本管理，实现"精美城市、幸福永川"的目标。

以生态、用地、环境、能源强约束来倒逼城市交通转型，以开发布局控制、环境质量限制，提出严格的交通系统减排目标与考核指标。

优先发展公共交通，保障公交路权优先，并推行公共交通集聚发展 (TOD)，实现城市用地—交通系统结构优化。

实施有偿停车政策，并制定空间差别化的停车费率，调节机动车使用强度和模式。

加大改善慢行设施投入，提升慢行出行品质，打造"高效公共交通系统 + 高品质便捷慢行"出行模式。

（5）基于智慧城市建设的智能交通管理战略

永川是重庆市 5 个列入国家智慧城市试点之一的区县，要利用"互联网 +"的技术，实现城市的智慧管理和运行。作为城市重要子系统，交通系统应实现信息化建设和智能化运行。同时，构建涵盖信息采集、控制、发布、监控、检测以及智能公交的"一平台、六系统"智能交通系统。

充分利用永川信息产业和 IT 产业优势，构建面向政府、专业人员、公众的决策数据支持及交通信息服务系统。

10.3.4 重大设施规划

1）市郊铁路

基于现状有成渝铁路和成渝高铁，规划渝昆铁路、成渝铁路改线、重庆铁路货运环线、永川市郊路线及沿江铁路。中心城区设永川火车站、永川东站和永川南站。

本次规划对永川至重庆市郊铁路线位进行分析，从线位、功能、站点及对城市影响几个方面分析出发，在城市总体规划基础上提出优化方案（见图 10.23）：

（1）线路选线

在重庆西三环高速外侧，避免对城市用地分割，在城西、凤凰湖工业园区、陈食设置站点，如图 10.23 所示。

（2）功能定位

客货兼营，以满足工业区货运需求为主，兼顾通勤客运需求。

永川南站兼顾渝昆铁路和市郊铁路的重要综合枢纽。结合永川南部凤凰湖工业园区用地布局及在建东南绕城高速线位，综合考虑客货运服务功能、城市用地分割、

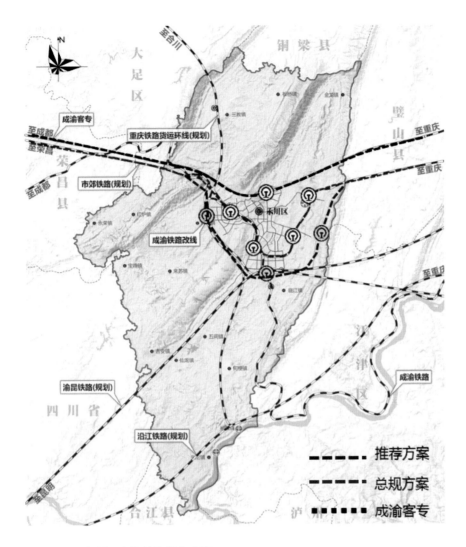

图 10.23　永川区市郊铁路优化方案

建设代价等，推荐永川南站选址为方案一（见图 10.24），位置紧邻东南绕城高速，在高速北侧，满足货运需求的同时，方便城市客运，节省投资。同时，减少对城市用地分割，对城市交通影响小，建设代价相对较小。

2）构建组团间交通走廊

协调永川城市空间拓展和用地布局，基于外环高速网系统，构建"以快速路为动脉，以骨架路为依托，以次支路为基础"的、层次清晰的道路网络系统（见图 10.25），实现"畅通永川，半小时城区"的交通发展目标。

小汽车快速交通走廊：打造城市内部组团间交通通道，实现组团之间交通快速高效转换；对外可衔接高速公路，构建城市对外快速通道；小汽车快速交通走廊技术标准为城市快速路及交通性主干道。

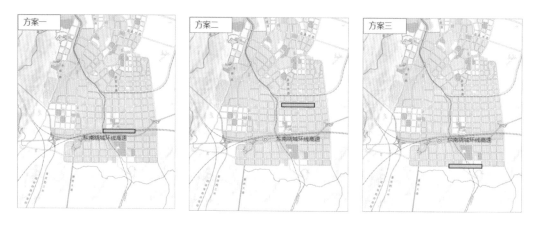

图 10.24 永川区铁路南站选址方案

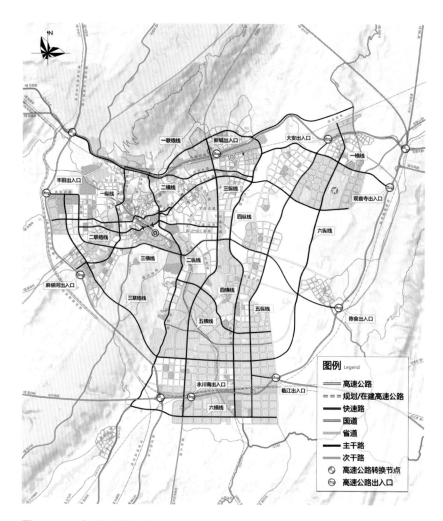

图 10.25 永川区城市骨架路网

公共交通走廊：进一步加强组团之间交通联系，作为组团内部主要客运交通干道，满足组团内部主要客运交通需求。

货运交通走廊：结合城市工业园区用地布局，利用重庆西三环、渝永高速，实现城区内部道路客货分离；重点构筑货运交通走廊，满足货运交通需求，实现货运交通的快速、便捷、畅达，构建契合性路网格局。

3）加强与港桥新区联系，促进港城共荣

永川港包括朱沱、松溉两个重点发展作业区。为满足永川港城融合发展需求，发展公—水—铁多式联运交通体系，需建立港区与永川中心城区的快速联系通道：

①新建港桥大道：双向 6 车道，北接兴龙大道，南至港桥新区。

②改造升级省道 207：规划双向 4 车道，与城区规划四纵线相接。

③改造升级省道 109：五间镇至港桥新区段进行扩宽改造，规划双向 4 车道；城区至五间镇段进行路面改造，对接城区永师路。

4）中运量公交走廊

构建以"大、中运量公交系统为轴带，骨干公交线网为主体，支线公交网络为延伸"的多方式公共交通系统，实现"半小时主城、一小时永川"的城乡公交一体化出行目标，构建高效、便捷、绿色、可持续的公共交通系统。

未来永川公交出行需求将围绕高铁枢纽集散，形成主要集中在新城高铁片区与老城之间、新城高铁片区与凤凰湖高铁片区之间的城市"T"区。根据预测高峰期间的公交出行总量将超过 6.5 万人次，占公交出行总量的 46%。基于此，规划布设 3 条中运量公交走廊，线路规模约 55 km，构成永川区未来城市公共交通主轴带（见图 10.26）。

K1 线：主要联系西部物流园区、老城、新城及高铁枢纽、大安和规划机场等区域，线路长约 14 km。线路实现成渝高铁枢纽与老城区的直接联系，同时解决新城兴龙湖片区与老城区的出行需求、缓解交通拥堵。

K2 线：主要串联北部文化旅游片区、成渝高铁枢纽、新城、凤凰湖工业园和渝昆高铁枢纽等区域，线路长约 16 km。线路实现成渝高铁枢纽与渝昆高铁枢纽的快速直接联系，同时引导城市南北交通轴带发展。

K3 线：K1 线和 K2 线之间联络线，线路长约 25 km，保障系统的网络化和完整性。

5）骨干公交（公交专用道）线网

结合城市总体规划、城市路网规划，在有条件的公交大客流通道布设骨干公交线网，线网规模约 51 km（见图 10.27）。

6）城市步行和自行车道系统

永川城市步行和自行车道系统规划目标为：构建与永川城市发展相适应，与道路、公交、停车等系统衔接紧密，安全舒适、连续可达、低碳环保的步行和自行车道交通体系，体现永川自然和人文特色。

结合永川城市山水特点，永川城市绿道功能定位为"宜游、宜居、宜行"的多

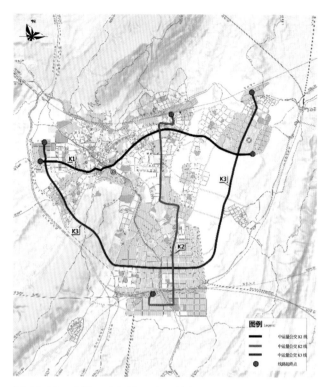

图 10.26　永川区中运量公交系统规划方案

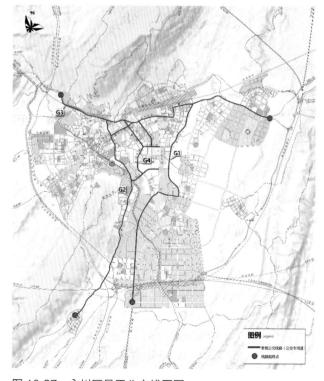

图 10.27　永川区骨干公交线网图

功能休闲健身系统，引导城市"慢"生活，倡导低碳绿色出行。本次根据不同自然条件，规划布局了不同类型的绿道，即滨河休闲绿道、景区休闲健身绿道、现代都市绿道（见图 10.28）。

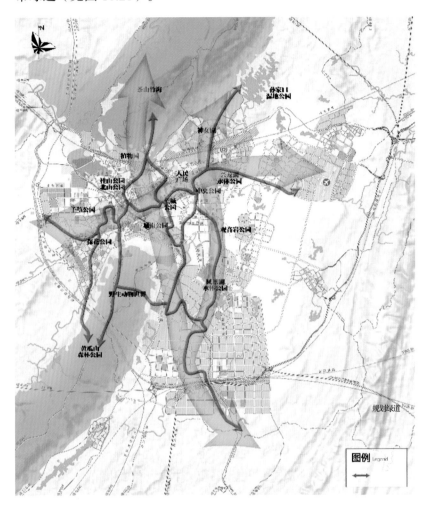

图 10.28　永川区城市绿道网络规划

10.3.5　规划方案评估

（1）城市道路系统规划方案评估

基于本次建立的城市综合交通预测模型，针对本次提出的城市道路系统规划方案，对骨架道路饱和负荷度和路网密度进行评价，如表 10.2、表 10.3 所示。

（2）公交系统规划方案评估

基于永川城市综合交通模型预测结果，到 2030 年永川城区日均公交出行总量将达到 86.47 万人次，公交分担率为 30%。高峰小时公交出行量达到 14.14 万人次，

表 10.2 规划骨架道路饱和负荷度表

道路名	道路等级	车道数	饱和度
一横线（昌州大道—大安规划道路）	交通性主干路	6	0.82
二横线（老城规划道路—化工路—人民大道）	服务性主干路	6	0.83
三横线（永和大道——环路）	快速路	8	0.89
四横线	服务性主干路	6	0.87
五横线	次干路	4	0.64
六横线	结构性主干路	6	0.43
一纵线（萱花路—老城组团规划道路）	服务性主干路	4、6	0.81
二纵线（官井路—永师路）	服务性/交通性主干路	4、6	0.87
三纵线（兴龙大道）	交通性主干路	6	0.68
四纵线（一环东路—昌龙大道）	交通性主干路	6	0.71
五纵线	快速路	8	0.82
六纵线	交通性主干路	6	0.37
一联络（文教组团规划道路—文昌西路）	交通性主干路	6	0.55
二联络（三星北路）	服务性主干路	4	0.69
三联络（龙凤大道）	交通性主干路	6	0.61

表 10.3 城市路网总体规划指标表

路网指标	道路等级	本次规划值	规范值
路网长度（km）	快速路	36.1	—
	主干路	176	—
	次干路	257	—
	合计	469.1	—
路网密度（km/km²）	快速路	0.36	0.3 ~ 0.5
	主干路	1.76	0.8 ~ 1.4
	次干路	2.57	1.5 ~ 3.0
道路面积率	快速路	1.9%	—
	主干路	3.2%	—
	次干路	6.2%	—
	合　计	11.3%（不含支路）	15% ~ 20%

高峰小时系数为 17%。本次规划了 3 条中运量公交走廊，可承载公交出行量超过 6.5 万人次，占公交出行总量 46%；同时规划了 51 km 骨架公交线网，基本能满足 2030 年公交出行需求。

至 2030 年，本次规划了 9 座公交枢纽和首末站，公交停保场总面积 25 hm²，达到国家相关规范要求。

参考文献

［1］The Department of Economic and Social Affairs of the United Nations Secretariat. World urbanization prospects：2014revision［R］. United Nations，2014.

［2］［美］爱德华·格莱泽.城市的胜利［M］.刘润泉，译.上海：上海社会科学院出版社，2012.

［3］Arthur D. Little. Future of urban mobility 3.0［DB/CD］.理特管理咨询公司，2018.

［4］高德地图，等.2018年度中国主要城市交通分析报告［DB/OL］.百度文库，2019-01-06［2019-03-02］.

［5］编辑部.交通拥堵造成经济损失，ITS快速成长方向明确［N/OL］.安防展览网，2014-09-09［2017-04-06］.http://www.afzhan.com/news/detail/33398.html.

［6］滴滴出行，第一财经商业数据中心，无界智库.中国智能出行2015大数据报告［DB/OL］.百度文库，2016-01-20［2018-01-10］.

［7］Su Jie. Chinese cities "near top" of world carbon emissions list［N/OL］.中新网，2012-05-04［2016-03-06］.http://www.ecns.cn/2012/05-04/14222.shtml.

［8］中华人民共和国环境保护部.2016年中国机动车环境管理年报［DB/OL］.机动车环保网，2016-06-02［2016-09-06］.http://www.vecc-mep.org.cn/huanbao/content/935.html.

［9］Milan Janic，张宇，等.欧盟可持续交通系统研究综述［J］.城市交通，2008（04）：16-25.

［10］CIVITAS WIKI.十多年来印证的交通出行的可持续性［EB/OL］.欧盟清洁能源和可持续发展部（CIVITAS计划），2017.

［11］王卫，过秀成，等.美国城市交通规划发展与经验借鉴［J］.现代城市研究，2010，25（11）：69-74.

［12］吴洪洋.美国交通运输战略与节能环保［J］.世界环境，2008（05）:58-60.

［13］《上海市交通白皮书》编制领导小组办公室.上海市交通发展白皮书［EB/OL］.上海政务，2013-08-23［2016-03-06］.http://shzw.eastday.com/shzw/G/20130823/u1ai113243.html.

［14］薛露露，张海涛.青岛低碳和可持续交通发展战略研究［R］.北京：世界资源研究所，2014.

［15］重庆市道路运输协会，重庆市道路运输管理局，重庆城市交通研究院有限责任公司.2015 年重庆市公交都市创建工作年度报告，2016.

［16］重庆市规划局.重庆渝中半岛步行系统规划（2010—2030）.重庆市人民政府，2010.

［17］重庆市规划局.重庆市城乡总体规划（2007—2020 年）（2014 年深化）.重庆市人民政府，2014-08-14.

［18］新浪汽车编辑部.重庆成为 car2go 全球十大服务地点之一［N/OL］.新浪汽车，2016-10-13［2016-12-06］.http://cq.auto.sina.com.cn/bdcs/2016-10-13/detail-ifxwvpaq1170596.shtml.

［19］刘春雪.力帆盼达用车已覆盖主城九区，年内计划新增站点 200 个［N/OL］.两江新区官网，2016-08-04［2016-12-06］.http://www.liangjiang.gov.cn/Content/ 2016-08/04/content _ 303202.htm.

［20］沈琳娜.《重庆市山城步道和自行车交通规划设计导则》正式出台［N/OL］.重庆日报，2016-09-23［2016-12-06］.http://www.cqrb.cn/html/cqrb/2016-09/23/014/content_146340.htm.

［21］李淑娟.城市交通系统可持续发展的评价指标体系研究［D］.南京：东南大学，2002.

［22］陆建.城市交通系统可持续发展规划理论与方法［D］.南京：东南大学，2003.

［23］孔令斌.新形势下中国城市交通发展环境变化与可持续发展［J］.城市交通，2009，7（06）：8-16.

［24］张泉，黄富民，王树盛.低碳生态的城市交通规划应用方法与技术［M］.北京：中国建筑工业出版社，2015.

［25］叶祖达，王静懿.中国绿色生态城区规划建设：碳排放评估方法、数据、评价指南［M］.北京：中国建筑工业出版社，2015.

［26］［美］罗伯特·瑟夫洛.公交都市［M］.宇恒可持续交通研究中心译.北京：中国建筑工业出版社，2007.

［27］赵万民，等.山地人居环境七论［M］.北京：中国建筑工业出版社，2015.

［28］陆锡明.亚洲城市交通发展模式［M］.上海：同济大学出版社，2009.

［29］彼得·卡尔索普，杨保军，张泉，等.TOD 在中国，面向低碳城市的土地利用与交通规划设计指南［M］.北京：中国建筑工业出版社，2013.

［30］United Nations Human Settlements Programme (UN-Habitat).PLANNING AND

DESIGN FOR SUSTAINABLE URBAN MOBILITY［DB/CD］.联合国人类住区规划署，2013.

［31］靳润成，张俊芳，刘君德.新城市主义社区规划与设计的几大法则［J］.经济地理，2004（03）：299-303+308.

［32］翁振合.论城市道路的人性化规划设计［J］.城市道桥与防洪，2006（1）：5-8+168.

［33］潘海啸.城市交通与5D模式［J］.城市交通，2009，7（04）：100.

［34］雷诚，赵万民.山地城市步行系统规划设计理论与实践——以重庆市主城区为例［J］.城市规划学刊，2008（03）：71-77.

［35］韩列松，余军，张妹凝，等.山地城市步行系统规划设计——以重庆渝中半岛为例［J］.规划师，2016，32（05）:136–143.

［36］周年兴，俞孔坚，黄震方.绿道及其研究进展［J］.生态学报，2006（09）:3108-3116.

［37］交通与发展政策研究所（中国办公室）.城市绿道系统优化设计［M］.南京：江苏凤凰科学技术出版社，2016.

［38］陈婷.山地城市绿道系统规划设计研究［D］.重庆：重庆大学，2012.

［39］李夫，王海洋.重庆市江北区滨江景观带绿道建设可行性分析［J］.西南农业大学学报：社会科学版，2013，11（09）：8-12.

［40］胡军发.城市绿道规划设计研究——以重庆为例［J］.低碳世界，2016（13）：128-129.

［41］严立军，杜文武，张建林.城市型绿道与乡村型绿道的差异性探析［J］.现代园艺，2012（06）：18–20.

［42］扈万泰，Peter Calthorpe.重庆悦来生态城模式——低碳城市规划理论与实践探索［J］.城市规划学刊，2012（02）：73–81.